U0034821

Elite
25

關於 **生物學**
的100個故事

100 Stories of
Biology

王浩◎編著

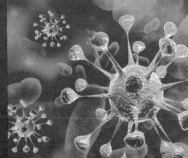

前言：神奇的生物，童話的世界

世界之所以精彩，很大一部分要歸功於多采多姿的生物。從年代久遠的瑪士撒拉蟲，到當今地球上的一草一木，從紛亂複雜的生態群落，到微小神秘的細胞基因，每一種生物都在用自己美麗的生命，豐富這個原本灰色的世界。

面對著那麼多的未知，你一定會問生命是如何起源的？你還會問生命是如何進化的？你甚至可能會問，孩子為什麼那麼像父母？人老了為什麼會死亡？假如這些問題還不能滿足你的探索慾，你最後肯定會問，有外星人嗎？除了我們地球，外太空裡還有生命嗎？……

置身於多采多姿的生物界，到底如何破解其中蘊含的秘密？這就是生物學與生俱來的使命。

生物學是研究生命現象和生命活動規律的科學。當人們不瞭解生命的真相時，往往依靠思辨的力量，試圖揭開這個謎底。而當科學有足夠的水準來探索這個古老問題的時候，我們看到了一個童話般的生命演進過程。從有生命起源的那一刻開始，到如今五彩繽紛的生物世界，分為了三個循序漸進的階段，即起始的化學進化階段，逐漸進入RNA世界階段，並最終演化到現代生命形成階段。這一切的發現，都應該歸功於生物學的進步。

生命科學在不斷發展，生命進化的激流也在沖刷著大自然古老的海岸，只要生命不息，生物學的研究就不會停止。本書的100個故事以及提綱挈領的理論常識，不過是對億萬年來生物歷史的驚鴻一瞥，但卻是對生物學的一次複盤和整理。生物學追隨著物種演變的腳步，使人類對生命世界的認識逐漸由模糊到清晰，並因此而對生命產生宗教般的敬畏和尊重，這種開創藝術與科學的生命情感，是我們自覺和不自覺從生物學的理性探尋中得來的，也是生物學神奇而又蓬勃的力量對我們人生的巨大推動。

　　本書就是生物世界的示範視窗和解說員，將帶領你跨越幾億年的時空，沿著各種生物的生命軌跡，去品味細胞的魔力，真菌的奇幻，植物的多姿，動物的精靈，以及大自然中千變萬化的生命傳說，盡述世界的無窮奧妙。

　　如果你在海邊漫步，撿到幾枚漂亮的海貝，如果你在花園捕到一隻美麗的蝴蝶，如果你在蕭瑟的秋風中拾起一片紅葉……你在讚嘆造物主的神奇之餘，仍會被生命的各種現象所迷惑，對生命的生生不息感到不可思議，那就翻開本書吧！它會像顯微鏡一樣，為你放大萬物微觀的世界，它也會像望遠鏡一樣，讓你對整個世界了然於胸。

　　親愛的讀者們，當你閱讀了書中的100個生物學故事，瞭解了100個生物學問題，我想，你會更加珍惜上帝賜予我們的精彩人生。

第1篇
生命譜寫生物學新華章
──生物學概述

第2篇
生命不斷進化，生物學不斷發展
——生物學理論詳解

第3篇
生物學就是一棵枝繁葉茂的大樹
——生物學分支一覽

第4篇
生物學帶來豐碩的科技成果
——生物學應用

第 **1** 篇

生命譜寫生物學新華章

——生物學概述

進化論先驅最早提出「生物學」這一科學名詞

　　生物學是研究生命現象和生物活動規律的科學，屬於自然科學的一個門類。

　　布豐以後，法國又出現了一位偉大的博物學家，他有一個長長的名字和稱號，但人們都習慣稱他為拉馬克，表達對他的尊重和喜愛。

　　青少年時期的拉馬克興趣廣泛，但常常是淺嘗輒止。他曾經在耶穌會學院受過教育，可是很快就產生了厭倦感，放棄了宗教事業。1760年，拉馬克的父親在戰爭中戰死，為了替父親報仇，他參加了軍隊，因為作戰英勇被提升為軍官。

　　在十九歲那年，拉馬克不幸身患頸部淋巴腺炎，只得退伍回巴黎進行手術治療並休養，此後便在巴黎靠微薄的津貼與出賣勞動力維持生活。當時，正是天文學興起的時期。拉馬克整日仰首望著多變的天空，夢想自己能夠成為一名天文學家。

　　後來，拉馬克在銀行裡找到了工作，他也因此轉變了志向，希望能成為金融家。在此同時，他還迷戀上了音樂，居然能拉上一手不錯的小提琴，便想轉行成為音樂家。

　　不久，他的哥哥勸他改行當醫生。因為在那個時代，醫生是很吃香的職業。就這樣，拉馬克進入了巴黎高等醫學院。可是四年之後，他發現自己對醫學又沒有了興趣。

　　就在拉馬克在人生的道路上徘徊不定的時候，他結識了當時法國最有名望的科學家布豐。他們經常結伴到野外觀察植物，討論博物學問題，在布豐

的影響下，拉馬克堅定了研究植物學的志向。

透過一個偶然的機會，拉馬克在植物園遊玩時遇到了大名鼎鼎的資產階級啟蒙學者盧梭，幾經接觸，他們成為了親密的朋友。盧梭時常把他帶到自己的研究室裡去參觀，並向他介紹許多科學研究的經驗和方法。在盧梭的引導下，拉馬克開始專注於生物學的研究。從此，他專心致志地研究植物達十年之久，並寫成了《法國植物志》。他在書中簡單準確地描述了植物的性狀，並在植物鑑定方面提出獨到的見解。這部巨著一出版就引起了轟動，使拉馬克一舉成名，並且在布豐的提名下，當選為法國科學院的植物學部院士。

1789年，法國大革命爆發。隨著舊日的皇家植物園更名為國立自然歷史博物館，拉馬克的研究範圍也逐漸由植物學轉移到動物學方面。1793年，他出任博物館無脊椎動物學教授，這在當時是一項無人願意承擔的任務，因為無脊椎動物領域還處於一片荒蕪之中。但他以驚人的勇氣和無比的毅力，對這個領域的研究做出了非凡的貢獻。他將動物分為脊椎動物和無脊椎動物兩大類，並首次提出「無脊椎動物」一詞，由此建立了無脊椎動物學。1801年，他完成了《無脊椎動物的分類系統》一書，在書的前言中他創造性地闡述了自己的生物進化思想，指出了環境對有機體變異發生的影響，這一觀點成為他以後形成完整的進化學說的重要原則。

在拉馬克最重要的著作《動物學哲學》一書中，他把脊椎動物分為魚類、爬蟲類、鳥類和哺乳動物類四個綱，並將這個次序看做是動物從單細胞有機體過渡到人類的進化次序。做為進化論的先驅者，拉馬克在書中全面論述了自己的觀點。他認為，包括人在內的一切物種都是由其他物種演變而來，而不是神創造的；生物是從低等向高等轉化的；環境變化可以引起物種變化，生物為了適應環境繼續生存，物種一定要發生變異；家養可以使物種發生巨大變化等等。

對於環境對物種變化的影響，拉馬克還提出了兩個著名的原則，就是

「用進廢退」和「獲得性遺傳」。前者指經常使用的某種器官用得越頻繁，就會越強壯、越發達；某種器官如果經常不用，其功能就會不斷衰退，器官本身也會退化，直至消失。比如，長頸鹿的祖先生活在乾旱缺草的非洲地區，為了生存，牠們不得不改變吃草的習性而盡量伸長頸和前肢去吃樹上的嫩葉。這樣，頸和前肢由於經常使用而逐漸得到少許延長。後者指後天獲得的新性狀有可能遺傳下去。比如，脖子變長的長頸鹿透過獲得性狀遺傳將這一特性傳給了後代，其後代的脖子一般也長。

在未接觸動物學之前，拉馬克也和其他人一樣，深信動物都是被創造出來的。可是當他透過對這一領域的研究得出了物種都是在不斷進化的真理後，便與當時佔領導地位的物種不變論者進行了激烈的抗爭，同時他還反對居維葉的激變論。由於他堅持真理，不免會受到反對者的打擊和迫害，導致當時人們無法對他的貢獻做出中肯的評價。但他卻說：「科學工作能給予我們以真實的益處；同時，還能給我們找出許多最溫暖、最純潔的樂趣，以補償生命中種種無法避免的苦惱。」

拉馬克最早提出了「生物學」這一科學名詞，這就為解釋什麼是生物學提供了方向。順藤摸瓜，我們不妨瞭解一下什麼是生物學。生物學主要是研究生物的結構、生物的功能、生物的發生和發展規律，以及生物與周圍生存環境的關係等相關問題的科學，屬於自然科學的一個門類。

生物學既然是一門科學，那麼它一定有自己的研究對象。生物學的研究對象包括微生物學、古生物學、動物學和植物學等。而從生物學的研究內容上看，又分為生態學、分類學、生理學、解剖學、分子生物學、細胞學、遺傳學、生物進化學，以及生物學自身發展歷史等等。從生物學研究的方法論角度來說，又分為實驗生物學與系統生物學等體系。

生物學這門科學雖然興起很晚，但在二十世紀四〇年代以後，有了突飛猛進的發展，逐漸成為一門嚴謹而完善的學科，特別是吸收了數學、物理學

和化學等學科的研究成就後,進一步發展成為一門定量、精確、深入到分子層次的科學,進一步揭示出生命的本質和生物發生、發展的內在規律。生命史以及生物學史,是生物學的兩個關照重點。

現代生物學是一個分支眾多、內容繁雜的龐大的知識體系,就這個龐大的知識體系的研究對象、分科分類、研究方法和研究意義來說,每取得一個進步,都會與人類的生存發展息息相關,並產生重要的影響。為此,生物學的發展,也是人類未來生活的必然要求。

小知識:

布豐(西元1707年~西元1788年),法國博物學家。他以百科全書式的巨著《自然史》聞名,是最早對「神創論」提出質疑的科學家之一,也是現代進化論的先驅者之一。

自殺者無法理解生物學的真實含意

生物學早已讓人們認識到，生命是物質的一種運動形態，它的基本構成單位是細胞，是一個由蛋白質、核酸和脂質等生物大分子構成的複雜的物質系統。生命現象就是這一複雜系統中物質、能量和資訊三個量綜合運動與傳遞的表現。

有一個年輕人，非常喜歡觀察鳥類，他從鳥兒的身上，竟然發現了一個生物學的秘密，但苦於無法證實自己的發現，而陷入深深的煩惱之中。

年輕人的這個發現，就是生物的利他主義。所謂利他主義，就是指一個個體在特定的環境下，用犧牲自己的適應性的方式，來增加和提高另一個個體適應性的表現形式，這種形式表現在人類以及動物界，做為一種不可忽略而且必然存在的現象，得到了許多人的一致認可。

可是在1964年，威廉·D·漢密爾頓卻對此說法提出了另外一個解釋，那就是「親緣選擇論」，也就是說所謂利他主義，都是有條件的，比如父母與子女之間，同胞姊妹之間，因為存在著血緣關係，所以會有利他的行為。而這種利他的行為是隨著血緣關係的親疏遠近而有所不同，關係越近，利他的行為也就越強烈，反之也就越冷漠。

這種表現形式在鳥類的身上則表現的更加明顯，比如幼鳥在受到攻擊時，父母會不畏犧牲挺身相救。

這個年經人透過對鳥類的觀察，一直篤信利他主義是人類的天性，就是說，利他主義是人類與生俱來的天性，與血緣無關。當他接觸到威廉·D·漢密爾頓的「親緣選擇」說法以後，便覺得這個說法有些片面，就想尋找一些論據進行辯駁。可是他所搜尋到的很多利他主義的表現形式，最後都無一

例外地成為了「親緣選擇」的有力佐證，天性利他主義的說服力簡直太渺小了。

最後，這個崇信天性利他主義的年輕人終於轉變了思想，開始被迫傾向於「親緣選擇」，雖然他沒有找到更有力的證據來駁回漢密爾頓的理論，但是他的骨子裡還是不願意改變和違背自己當初的想法。過了一段時間後，他竟然無奈地選擇了自殺。

自殺是一種不熱愛生命、不珍惜生命的行為。如果真正瞭解了生命的意義，人類就不會選擇自殺。但是，要想瞭解生命的意義，人們必須藉助生物學這門科學，詳細瞭解生命存在的本質，瞭解生命發生發展的規律，瞭解生命存在的巨大價值。

做為生物學研究對象的生物，估計目前地球上現存兩百萬到四百五十萬種左右，已經滅絕的種類就更多了，保守估計也有一千五百萬種以上。雖然生物具有多種多樣的形態結構，生存方式也變化多端，但其內在生命機理都是大同小異，差別並不大。

生物學早已讓人們認識到，生命是物質的一種運動形態，它的基本構成單位是細胞，是一個由蛋白質、核酸和脂質等生物大分子構成的複雜的物質系統。生命現象就是這一複雜系統中物質、能量和資訊三個量綜合運動與傳遞的表現。

與無生命物質相比，有生命物質具備了很多特性：

首先，能夠在常溫常壓下，合成多種包括一些複雜的生物大分子在內的有機化合物。

其次，能夠利用環境中的物質和能量製造體內所需的各種物質，而且效率要遠遠超出機器的生產效率，並且不像機器那樣排放污染環境的有害物質。

再次，儲存資訊和傳遞資訊的效率極高，具有極強的自我調節功能和自

我複製能力。

　　最後，有生命的物質，均以不可逆的方式，進行著個體的發育和推進著整個物種的演化，不斷把生命形式推向更高級、更能適合環境生存需要。

　　認清生命過程的不可逆性，人類就會更加珍惜生命，更加注重生命的品質。

小知識：

查理斯·羅伯特·達爾文（西元1809年～西元1882年），英國生物學家，進化論的奠定人。曾乘貝格爾號艦做了歷時五年的環球航行，對動植物和地質結構等進行了大量的觀察和採集。出版《物種起源》這一劃時代的著作，提出了生物進化論學說，進而摧毀了各種唯心的神造論和物種不變論。恩格斯將「進化論」列為十九世紀自然科學的三大發現之一（其他兩個是細胞學說，能量守恆和轉化定律）。

從盤古開天闢地到
紛亂複雜的生命起源之謎

關於生命的起源，存在著以下幾種說法。創造論，自然發生說，化
學起源說，宇宙生命論和熱泉生態系統。伴隨著十九世紀達爾文的
《物種起源》一書問世，為人類科學地探索生命的起源，提供了一
條更加接近真理的道路，那就是化學進化論。

據說很久很久以前，在天地還沒有形成的時候，到處是一片混沌，它無
邊無際，樣子就像一個渾圓的雞蛋。在這混沌之中，孕育了人類的祖先——
盤古。

大約過了一萬八千年，盤古在這混沌之中孕育成熟，他發現眼前漆黑一
團，於是就非常生氣地用自己製造的斧頭劈開了這混沌的圓東西。隨著一聲
巨響，混沌中輕而清的陽氣上升變成了藍天，重而濁的陰氣下沉變成了大
地。於是，宇宙有了天地之分。

盤古出世以後，頭頂藍天腳踏大地挺立在天地之間。以後，天地每日增
高或增厚一丈，盤古也跟著每日長高一丈。就這樣，又經過了一萬八千年，
當天高得不能再高，地深得不能再深的時候，盤古也變成了九萬里長的巨
人，就像一根柱子一樣撐著天和地，使它們不再變成過去的混沌狀態。

此時，在天地間只有盤古一個人。因為天地是他開闢出來的，所以天地
也隨著他的情緒發生不同的變化：他高興的時候天空就晴朗；他發怒的時候
天空就陰沉；他哭泣的時候天空下雨，落到地上匯成了江河湖海；他一嘆氣
大地上就颳起狂風，眨眨眼睛天空就出現閃電，一打鼾空中就響起隆隆的雷
鳴聲。

盤古為了把天和地撐開，消耗掉所有的心血，還沒來得及觀看被自己創造出來的天和地，便死去了。就這樣，他的左眼變成了光芒刺眼的太陽，右眼變成陰晴圓缺的月亮。他的身體變成了高低起伏的山脈，頭部成了東嶽泰山，腳成了西嶽華山，肚子成了中嶽嵩山，兩個肩胛一個成為南嶽衡山，另一個成為北嶽恆山。他的頭髮和眉毛變成了星星，他的骨頭變成了深埋在地下的寶藏，他的肌肉變成了滋養大地的肥料，他的血液變成了滾滾江河……

盤古開天闢地。

盤古開天闢地是生命起源的一種假說。關於生命起源之謎，歷來眾說紛紜，莫衷一是。生命產生於何時、何地，特別是如何起源的問題，一直困擾著人類，成為人們關注和爭論的焦點，也成為了現代自然科學苦苦追尋的目標。

關於生命的起源，存在著以下幾種說法：

第一種說法是創造論，也就是神造說，認為生命是由神創造出來的。例如，盤古開天地，上帝創造萬物等等。

第二種說法是自然發生說，又稱自生論或無生源論，認為生命是由無生命物質自然發生的，或者由另外一些截然不同的物體產生的。例如，中國古代的「腐草化螢」說。

　　第三種說法是化學起源說，認為地球上的生命是在地球產生後，隨著地球溫度的逐步降低，一些非生命物質，在一個漫長的時間內，經過極其複雜的化學變化過程，慢慢演變而來。這一假說，被生物學家和廣大學者所普遍接受。

　　第四種說法是宇宙生命論，也被稱做泛生說。認為地球上最初的生命來自宇宙間的其他星球，是宇宙太空的「生命胚胎」，隨著隕石或其他途徑到達地球表面而成為生命的源頭。

　　第五種說法是熱泉生態系統，認為熱泉噴口附近的熱泉生態系統是孕育生命的最初場所，所有的生命起初均有可能來自該系統。

　　關於生命起源的說法雖多，但伴隨著十九世紀達爾文的《物種起源》一書問世，為人類探索生命的起源，揭示生命的奧秘，提供了一條更加接近真理的道路。那就是化學進化論，沿著這條道路，相信有一天，人類必將揭開生命起源這個千古謎團。

小知識：

德弗里斯（西元1848年～西元1935年），荷蘭植物學家和遺傳學家，孟德爾定律的三個重新發現者之一。他根據進行多年的月見草實驗的結果，於1901年提出生物進化起因於驟變的「突變論」，使許多人對達爾文的漸變進化論產生了懷疑。但後來的研究顯示，月見草的驟變是較為罕見的染色體畸變所致，並非進化的普遍規律。主要著作有《突變論》、《物種和變種，它們透過突變而起源》等。

腐草化螢是 生命自然發生說的代表作

生命自然發生說又被稱做「自生論」或「無生源論」，這種說法認為，生物可以隨時由無生命的非生物產生，或者由另一些截然不同或毫不相干的物體變化而來。直到1860年，法國微生物學家巴斯德做了一個簡單的實驗，才徹底否認了自然發生說。

相傳，有一個美麗的仙女小螢，過膩了天上枯燥無聊的日子。一天，她偷偷地來到地下界，卻不小心被巡邏的天兵發現。小螢慌不擇路跑到一座山谷裡，躲過了天兵的追查。

小螢發現山谷裡面盛開了五顏六色的鮮花，花朵上流光溢彩，色彩繽紛，令人目不暇給。同時，空氣中還飄散著醉人的芳香，沁人心脾。小螢十分喜歡那些花兒，於是她快速跑過去，輕輕撫摸著嬌豔可人的花瓣，嗅著花朵的芳香，不免沉醉其中。

突然，她的耳邊傳來一陣美妙的樂聲，轉身望去，只見一位帥氣英俊的男子正坐在巨石上撫琴。小螢不禁疑惑地問：「你是誰？來自何方？」

「我是誰不重要，重要的是，我們在這裡相逢就是有緣分。」男子雙手按住琴弦，淡然地回答。

「琴聲很好聽，為什麼要停下來呢？」小螢眨著眼睛，納悶地說。

「女為悅己者容，士為知己者死。妳能聽出我琴音裡的故事嗎？」

「琴音有些悲傷，你心裡一定有太多的不滿和憂鬱。」小螢微笑著說道。

這時，一陣「吱吱吱」的輕微聲響，在山谷某處響了起來，小螢和男子

把它當做風吹的聲音，並未在意。

「可否為小女子撫琴一曲。」小螢一臉渴望。

「佳人有此要求，小生怎敢推辭。」說罷，男子席地而坐，開始用心彈琴。小螢則坐在旁邊，側耳傾聽。

突然，傳來一陣哀嚎，琴聲瞬間中斷，男子無緣無故失蹤了。小螢拼命地尋找，甚至不惜暴露自己所在而施展法力尋找⋯⋯

小螢不知道，原來她已愛上了這個溫文爾雅的陌生男子，為了那一曲，她願意拋棄所有。「吱吱吱」聲再次響起，小螢隨聲望去，這才知道原來是食人花將她的一切毀滅了。小螢和食人花奮戰，最後身疲力盡才將食人花消滅。天兵天將也聞聲而動，將可憐的小螢包圍。小螢無奈散盡神力，化身成一株陪伴花朵的小草⋯⋯

一年又一年，春去秋來，人們發現每逢夏季，那些枯萎、腐爛的小草，總會流出晶瑩的相思淚，淚水散發著潔白的光芒。最後，這些淚水飄到空中，化成點點的螢火蟲。人們傳說著，那是螢火蟲在尋找她的戀人。

腐草化螢的故事，是關於生命起源的自然發生說的代表作。生命自然發生說又被稱做「自生論」或「無生源論」，這種說法認為，生物可以隨時由無生命的非生物產生，或者由另一些截然不同或毫不相干的物體變化而來。

十九世紀以前，自然發生說廣泛流傳並得到了人們普遍的認可。

例如，古代中國人認為，肉腐爛了就會生出蛆蟲，魚乾枯了就會生出蠹蟲，螢火蟲則是從腐草堆裡生出來的。還有一種說法是螞蚱產卵後，如果是在沙堆裡，就發育成螞蚱，如果卵在水裡，就發育成小魚。

古代西方人的觀點也大致與古代中國人相同，例如有人認為樹葉落在水裡變成魚，落在地上就變成鳥。大哲學家亞里斯多德就是一個自然發生論者，他認為，有些魚是由淤泥和沙礫發育而成的。最有意思的是，有人還做了一個試驗，驗證了生命自然發生的說法。這個人將穀粒、破舊的襯布塞

正在做實驗的巴斯德醫生。

入瓶子裡,並把瓶子放在了一個僻靜處,結果二十一天後,真的就生出了一窩小老鼠,並且這些老鼠與一般的老鼠毫無二致。

直到1860年,法國微生物學家巴斯德做了一個簡單的實驗,才徹底否認了自然發生說。巴斯德的實驗非常有說服力,他把肉湯置於燒瓶中加熱沸騰,之後冷卻,如果燒瓶不加塞,肉湯裡很快繁殖出很多微生物,如果瓶口加上棉塞,肉湯中就沒有微生物出現,由此他得出結論,微生物來自空氣中,而非肉湯裡自然而然產生的。

自然發生說的出現並不令人奇怪,因為那時候人們還只能根據一些表面的現象來想像和推測生命的起源。

小知識:

路易絲・巴斯德(西元1822年～西元1895年),法國微生物學家、化學家。在他的一生中,曾對同分異構現象、發酵、細菌培養和疫苗等研究取得重大成就,進而奠定了工業微生物學和醫學微生物學的基礎,並開創了微生物生理學,被後人譽為「微生物學之父」。

最博學的大師按照生物本性
進行分類和研究

生物都有各自的本性，如果按照生物的本性來分類，一般分為三類，即非細胞生命形態，原核生物和真核生物。生物的各種類型之間，雖然特徵鮮明，但也有一系列中間的環節，進而形成了連續的譜系。

西元前343年，亞里斯多德應邀成為亞歷山大大帝的老師，在這期間，亞里斯多德利用現有的資源解剖了許多不知名的動物，並從中發現一條規律：越是高級的生物，內部結構就越複雜。

對多種學科有研究的亞里斯多德率先將前人觀察結果和從漁夫、農夫以及見識過其他不知名生物的學者、旅行者手中搜羅的第一手資料，進行了系統地統計、彙編和整理。同時利用自身現有的解剖知識和經驗，描述了將近600多種生物，範圍包括昆蟲、魚類、兩棲、哺乳、鳥類等等。

亞里斯多德並未繼承老師柏拉圖的唯心主義，而是將觀察、實踐、研究等工作，置於唯心主義理論之上。因此，他埋首於真實的、活生生的生物，並從中得到接近真相的結論。這一點與前人以及柏拉圖有很大的區別。他說過：「在未確定事實真相前，若要確定的話，應該先信任觀察得到的結果，而不是理論。只有觀察與理論一致時，理論才可以信任。」

亞里斯多德花了許多年的時間，將動物按照相似性和差異性進行分類，試圖從中辨識出自然界生物本身的歸類。他從中看出有些物種擁有相同的特徵，例如兩者都有羽毛或鱗，只能生活在水中或陸地上，或者繁育方式以卵生，以胎生等共同特徵。他利用原始的手法，辨識出我們今天認定的主要動

物分類,甚至成功地將動物劃分為不同的類型。

阿拉伯人描繪的亞里斯多德上課圖。

　　生物都有各自的本性,如果按照生物的本性來分類,一般分為三類,即
非細胞生命形態、原核生物和真核生物。

　　非細胞生命形態,顧名思義就是不具備細胞形態,主要指的是病毒,由
一個核酸長鏈和蛋白質外殼構成。病毒沒有自己的代謝系統和酶系統,不能
產生腺苷三磷酸,一旦它離開了寄主細胞,就成了一種沒有任何生命活動和
不能自我繁殖的化學物質。因此,病毒是一種不完整的生命形態,是無生命
與生命之間的一種過渡物質。

　　細胞有兩大基本類型,就是原核細胞和真核細胞,由此反映了細胞進化
的兩個階段。原核細胞的主要特徵是沒有線粒體、質體等膜結構的細胞器,
沒有核膜,不含組蛋白和其他蛋白質。原核細胞構成了原核生物,主要包括

細菌和藍藻，都是單生的或群體的單細胞生物。

　　真核生物是由真核細胞構成的生物，真核細胞的結構更為複雜，能夠分裂出新的細胞。最原始的真核生物是原生生物。真核生物包括動物、植物和真菌。植物以光合自養為主要營養方式，真菌以吸收為主要營養方式，動物以吞食為主要營養方式。黏菌是一種特殊的真菌，是介於真菌和動物之間的生物。

　　生物的各種類型之間，雖然特徵鮮明，但也有一系列中間的環節，進而形成了連續的譜系。由營養方式不同決定的三大進化方式，又使得各個種類之間在生態系統中呈現出相互作用的空間關係，構成了相互依存的統一的整體。

小知識：

湯瑪斯・亨特・摩爾根（西元1866年～西元1945年），美國生物學家，被譽為「遺傳學之父」。他一生致力於胚胎學和遺傳學研究，由於創立了關於遺傳基因在染色體上做直線排列的基因理論和染色體理論，而獲得1933年諾貝爾生理學或醫學獎。

差點做了學徒的林奈
確定現代物種分類法

現代生物分類法起源於林奈的生物分類系統，又稱為科學分類法，它是根據物種共有的生理特徵來對生物的種類進行歸類的方法。後來，達爾文進化論提出後，依據共同祖先的原則，逐漸進行了改進。

林奈是現代生物學分類命名的創始人。他的父親是一位鄉村牧師，對園藝非常愛好，空閒時就來到花園裡蒔弄花草樹木。幼時的林奈，受到父親的影響，十分喜愛植物，他曾說：「這花園與母乳一起激發我對植物不可抑制的熱愛。」

在小學和中學時期，林奈的學業不怎麼突出，他把大部分時間都放在野外採集標本上，見到不知名的植物，就拿去詢問父親，他父親也會詳細地為他解釋。但有些時候，林奈也會拿著同樣的植物去詢問，他父親則以「我已經告訴過你答案了」為理由，讓林奈自己回憶，以便加強記憶。就這樣，在父親的幫助影響下，他所認識的植物種類越來越多。

1741年，林奈擔任烏普薩拉大學植物學科教授，潛心研究植物分類學。在他以前，由於沒有一個統一的命名法則，各國學者都按自己的一套工作方法命名植物，致使植物學研究困難重重。其困難主要表現在三個方面：一是命名上出現的同物異名、異物同名的混亂現象；二是植物學名冗長；三是語言、文字上的隔閡。

為了改變這種狀況，林奈對此進行了系統的研究。他根據植物大小、數量和雄蕊、雌蕊的類型進行排列分類，率先提出綱、目、屬、種分類法，將

植物分為24個綱，116個目，1000多個屬和10000多個種。對於如何給植物命名，林奈提出「雙命名法」即植物常用名由兩部分組成，前者是屬名，後者是種名。

林奈所提出的植物分類方法和「雙命名法」，被各國植物學家接受並推廣，結束了植物學界十幾年混亂的局面，促進了各國植物學家的相互交流。

現代生物分類法源於林奈的系統，他根據物種共有的生理特徵分類。在林奈之後，根據達爾文關於共同祖先的原則，此系統被逐漸改進。

林奈在他的巨著《自然系統》裡，將自然界劃分為三個界，即礦物、植物和動物，分類等級包括綱、目、屬和種。

按照現代生物分類法，一個比較完整的分類單元次序如下：

域（總界）—界—門—亞門—總綱—綱—亞綱—下綱—總目—目—亞目—下目—總科—科—亞科—族—亞族—屬—亞屬—節—亞節—系—亞系—種。

種之下，還可以分為亞種和變種等。

上個世紀六〇年代，分支學說出現，一個分類單元，就被定位在演化樹的某個位置上。一個分類單元包括了某一共同祖先的所有後代，而且不含其他祖先的後代，那麼這個分類單元被稱為單系群。

一個分類單元包括了擁有共同祖先，但沒有包括所有後代的分類單元，被稱為並系群。一個分類單元不包括最近祖先，被稱為複系群。一般情況下，一個自然分類多數是指單系群，而不是並系群和複系群。

最高的單元稱為域，大多數學者接受三域系統，分別是細菌域、古菌域和真核域。

近年來，分子系統學應用了生物資訊學方法分析基因組DNA，正在大幅改動很多原有的分類，使其分類更科學、更準確了。

小知識：

卡爾·馮·林奈（西元1707年～西元1778），瑞
典植物學家、冒險家，現代生物學分類的奠定人，
也被人們稱為「現代生態學之父」。他把前人的全
部動植物知識系統化，摒棄了按時間順序的分類
法，選擇了自然分類方法。並創造性地提出雙名命
名法，涵蓋了8800多個種，可以說達到了無所不包
的程度，被人們稱為「萬能分類法」。主要著作有
《自然系統》、《植物種志》等。

冬蟲夏草的傳說
代表著生物的共性

生物具有很多共同的屬性和特徵，有著共同的物質基礎，遵循著共同的基本規律，構成了一個統一而又有著驚人多樣性的物質世界。

有一個美麗的姑娘叫茨漾，她跟著雙目失明的母親相依為命。茨漾成年後，成了遠近聞名的美女，求親的人擠破了她家的大門，但都被茨漾拒絕了。

有一天，茨漾唱著歌，趕著自家的犛牛去放牧。路上，她遇見了王爺的兒子記迦，記迦命令手下人圍住茨漾，並對她說：「只要妳跟我走，我保妳一生有吃不盡的山珍海味，穿不完的綾羅綢緞。」美麗的茨漾冷冷一笑，讓牧羊犬衝出一條路後，唱著歌走了。記迦惦記著美麗的姑娘，請求他的父親帶著上好酥油茶和絲綢前去提親。茨漾婉言拒絕道：「我是山裡的一隻麻雀，沒有福氣進入鳳凰窩。」村裡人見狀，都責怪茨漾太傻，說她被濃霧迷住了眼睛。

記迦見父親出面也沒能讓茨漾點頭，內心如熱鍋上的螞蟻一般難受。於是，他每天都帶著隨從，在茨漾必經過的路上等候，只要她一出現，就上去糾纏。時間久了，記迦發現了茨漾的秘密。原來，茨漾心裡有了中意的男子，他就是王爺家裡的奴隸朗吉。

朗吉小時候父母早逝，茨漾的母親見他可憐，就把他帶回家，像親生孩子一樣對待。茨漾和朗吉自小青梅竹馬，在情竇初開時，就私訂了終身。記迦怎麼會容許一個奴隸和自己搶女人，於是，他派人在朗吉放馬的地方挖了個陷阱，並做好偽裝。

　　朗吉放馬的時候，沒有察覺，不小心連人帶馬栽了進去。茨漾像以前一樣趕著犛牛，前去尋找心愛的情郎。她找了很久，也沒找到，不由得慌了手腳，擔心朗吉出了什麼事情。就在茨漾心急如焚的時候，她聽到一個熟悉的聲音傳來，那是她心愛的朗吉在求救。

　　茨漾立刻奔上前去。

　　朗吉見到茨漾，驚喜交加，他告訴茨漾自己的腿摔斷了，還被主人趕了出來。茨漾並不介意，她把朗吉扶上犛牛背，馱回家中，找來治療跌打損傷的草藥給朗吉服用，可是總是沒有見效。

　　一天，茨漾翻過雪山，來到拉姆拉錯湖邊。當她想起朗吉，不禁悲傷起來，眼淚滴落在湖水裡。突然，神奇的事情出現了，本來平靜的湖水慢慢蕩漾起波紋，在眼淚滴落的地方，出現一朵雪白的蓮花，花蕊中長著一根像蟲子又像草一樣的東西。這時湖底傳來女神的聲音：「孩子，別怕，每年冰雪消融的時候，妳可以到山中採挖此藥，給妳的母親還有朗吉服用，一切都會好起來的。」茨漾記住女神的話，雙手捧著蓮花上的神藥回到家中。朗吉服用後，果然好了起來。

　　第二年，茨漾再次去山上挖來此物給母親服用，她的母親驚喜地發現自己重見光明，頓時喜極而泣。

　　茨漾在蓮花上採摘的神藥就是冬蟲夏草，它屬於比較獨特的生物。

　　多樣性是生物的特點，同時，生物又具有很多共同的屬性和特徵，有著共同的物質基礎，遵循著共同的基本規律，構成了一個統一而又有著驚人多樣性的物質世界。

　　首先，構成生物體的生物大分子，結構和功能在原則上是相同的，基本代謝途徑相同，代謝中所需要的酶基本相同，都以ATP的形式傳遞能量，具有生物化學的同一性，這就使生物具有了統一性。

　　其次，所有生物都是由相同的基本單位——細胞構成的，除了病毒以

外，原核生物和真核生物的細胞都是一樣的。同時，結構單位基本相同，都有組織、器官、器官系統、個體；都屬於種群、群落、生態系統和生物圈等等。

第三，由大量分子和原子組成的生物系統，其代謝歷程和空間結構都是有序的。同時，系統內部的增加和減少又導致系統的隨機性和無序性，生物正是依賴新陳代謝的這種能量耗散過程得以產生和維持。所以，有序性和耗散結構構成了生物的又一共性。

第四，生物體內的生物化學成分、代謝速率等都趨向於穩態水準，一個生物群落和生態系統，一般也處於相對穩定狀態，這説明生物對體內的各種生命過程都有良好的調節能力，透過自我調節保持自身的穩定性。

第五，遺傳是生命的基本屬性之一，它們透過繁殖來實現生命的延續，這使得生物的生命都具有連續性。

第六，所有的生物都有個體成長史和進化史，有一個從單個生殖細胞到成熟個體的成長過程，並參與種系進化當中，進而構成生物自然譜系的一部分。

小知識：

格雷戈爾・孟德爾（西元1822年～西元1884年），奧地利遺傳學家，遺傳學的奠定人，被譽為「現代遺傳學之父」。在他從事的大量植物雜交試驗中，以豌豆雜交試驗的成績最為出色。經過整整八年的不懈努力，終於在1865年發表了《植物雜交試驗》的論文，提出了遺傳單位是遺傳因數（現代遺傳學稱為基因）的論點，並揭示出遺傳學的兩個基本規律——分離規律和自由組合規律。

澳大利亞人智鬥兔災
卻無法擺脫自然選擇的命運

自然選擇包括四個方面的內容，即過度繁殖、生存競爭、遺傳和變異、適者生存。適應環境的生物就能生存下來，不適應環境的生物就會被淘汰，這是適者生存的原則。達爾文把生存競爭中，適者生存、不適者被淘汰的過程，定義為自然選擇過程。

1859年，澳大利亞農場主人湯姆斯·奧斯丁曾經這樣寫道，「農場裡引入一些兔子，根本不會帶來害處，甚至還可以為人們提供一個打獵的機會。」不久後，他就將十二隻歐洲野兔放到了野外。澳大利亞沒有老鷹，沒有狐狸，到處都是肥美的綠草，這些歐洲野兔像生活在天堂一樣，不受限制地繁殖起來。

到了1907年，在澳大利亞的草原上到處都可以找到野兔的蹤跡。這些兔子與牛羊爭奪牧草，還在草原上到處挖洞築穴，毀壞了牧草的根，造成草場

的大面積退化，並嚴重威脅畜牧業的發展，使牧民遭受巨大的損失。他們開始對兔子進行限制，但任何辦法都用盡了，也沒有什麼效果。

澳大利亞政府聽從生物學家的提議，決定利用生物控制方法來消滅兔子。他們從美洲引進一種靠蚊子傳播的病毒，這些病毒能在兔子體內產生黏液瘤，進而造成兔群大量死亡，但這種病毒對人類和其他的動物是無害的。澳大利亞引進該病毒後，收到了很好的效果。

一位進化論學者拿這件事做討論案例，他說：「若干年後，這些兔子將會免疫該病毒，進而會導致一場新的兔群災難。」因為剩下0.1%的兔子將會對病毒產生免疫，經過一代又一代的選擇，牠們的抵抗力會越來越強，最後就會形成兔群數量回升，造成新的災難。

事實上也是如此，兔子數量經過遽減後，以後每年逐漸回升，死亡率越來越低。

澳大利亞人和兔子的抗爭揭示了自然選擇的重要性。「自然選擇」這個概念出自達爾文的《物種起源》，也被稱做「自然淘汰」，它是導致種群在遺傳特性上總是趨於相異特性的重要因素之一。

自然選擇包括四個方面的內容，即過度繁殖、生存競爭、遺傳和變異、適者生存。地球上各種生物都具有很強的繁殖力，但生物的數量在一定的時期內會保持相對穩定的狀態，這是因為生存競爭所導致的，當生存的環境發生變化時，生物就會發生變異，最終獲得生存下去的機會。

適應環境的生物就能生存下來，不適應環境的生物就會被淘汰，這是適者生存的原則。達爾文把生存競爭中，適者生存、不適者被淘汰的過程，定義為自然選擇過程。這個過程是一個長期的、緩慢的、連續的選擇過程，由於生存競爭不斷地進行，因而自然選擇也是不斷地進行，透過一代代的生存環境的選擇作用，物種變異被定位地向著一個方向累積，於是性狀逐漸和原來的祖先不同了，這樣，新的物種就形成了。由於生物所處環境的多樣性，

導致生物適應環境的手法也會多種多樣，經過自然選擇，生物界的生物多樣性自然而然就形成了。

按照達爾文的意見，自然選擇不過是生物與自然環境相互作用的結果。從進化的觀點看，能生存下來的個體不一定就是最適者，只有生存下來並留下眾多後代的個體才是最適者；又考慮到進化是群體而不是個體的現象，現代綜合進化論從群體遺傳學的角度修正了達爾文的看法，認為自然選擇是群體中「不同基因型的有差異的（區分性的）延續」，是群體中增加了適應性較強的基因型頻率的過程。

小知識：

詹姆斯・沃森（西元1928年～），美國生物學家。1953年4月25日，年僅二十五歲的沃森與合作夥伴克里克在《自然》雜誌上發表了僅兩頁的論文，提出了DNA的雙螺旋結構和自我複製機制。1962年，沃森和克里克因提出去氧核糖核酸DNA的雙螺旋模型而獲諾貝爾生理學或醫學獎。

還要不要黑玫瑰的疑問
問出生物學中的變異作用

所有生物都具有產生變異的特性，一般情況下，變異有兩種，即可遺傳變異和不可遺傳變異。在生物產生變異的過程中，哪些變異能夠遺傳，取決於適者生存的法則。有利於生物自身生存的變異，就會遺傳下去。

有一位老太太異常鍾愛玫瑰花，家裡到處擺放著嬌豔的玫瑰花，有粉色的、紅色的、白色的，唯獨沒有黑色的。老太太非常渴望能培育出黑色的玫瑰。老太太的兒子是大學植物學科的教授，他拿出證據來說服母親：「媽媽，妳要知道，花瓣中有一種叫做花青素的物質，它遇見酸類會顯示出紅色，遇見鹼類會變成藍色。花朵的顏色與花瓣內含有的這種物質有關，即使妳能夠培育出黑色的玫瑰，它在自然界中的存活率也不高。原因是黑色的花能夠吸收到陽光中的全部光波，在陽光下升溫很快，花的組織很容易受到傷害。」

可是老太太並沒有放棄嘗試，她在各種顏色的玫瑰花中，找出顏色比較深的花朵，將它們裁剪下來，嫁接到另外一株玫瑰上。並且在空閒之餘拿起兒子植物學方面的書籍閱讀，希望能從中找到改良的方法。遺憾的是，她並沒有找到。

在以後的日子裡，老太太將嫁接的花朵進行分類，顏色深的花，她保留下來，嫁接到同樣顏色較深的花枝上，同時還幫深色的玫瑰進行人工授粉。老太太透過嫁接，不斷淘汰一些顏色較淺的花朵，在花朵凋謝的時候，採集它們的種子，在溫室裡培養新的玫瑰。如此周而復始，老太太花了二十年的

時間，在她80歲的高齡時，終於培養出黑色的玫瑰花，只是花的顏色比較偏向於紫黑色。

日常生活中，我們經常看到的是紅、黃、橙、白等色的花，這是由於這些花能夠反射陽光中含熱量較多的紅、橙、黃三色光波，避免其灼傷嬌嫩的花朵，是植物的一種自我保護作用。而黑色的花則沒有這種本領，因此在長期的進化過程中它們逐漸被淘汰。如果有一朵玫瑰是黑色的，那麼這朵玫瑰一定是發生了變異。

所謂變異，是指生物體子代與親代之間的差異，子代個體之間的差異的現象。所有生物都具有產生變異的特性，一般情況下，變異有兩種，即可遺傳變異和不可遺傳變異。可遺傳變異是由遺傳物質決定的，能夠遺傳給後代；不可遺傳變異是由外界環境變化引起的，遺傳物質沒有發生變化，不會遺傳給後代。例如，人類的色盲會遺傳，而皮膚顏色因為曝曬變黑則不會遺傳。

現代遺傳學顯示，不可遺傳變異與進化無關，與進化有關的是可遺傳變異，前者是由於環境變化而造成，不會遺傳給後代，如由於水肥不足而造成的植株瘦弱矮小；後一變異是由於遺傳物質的改變所致，其方法有突變（包括基因突變和染色體變異）與基因重組。

在生物發生變異的過程中，哪些變異能夠遺傳，取決於適者生存的法則。有利於生物自身生存的變異，就會遺傳下去。

生物在繁衍過程中，不斷產生各種有利變異，這對於生物的進化具有重要的意義。我們知道，地球上的環境是複雜多樣、不斷變化的。生物如果不能產生變異，就不能適應不斷變化的環境。如果沒有可遺傳的變異，就不會產生新的生物類型，生物就不能由簡單到複雜、由低等到高等進化。由此可知，變異為生物進化提供了原始材料。

小知識：

安德列·維薩里（西元1514年～西元1564年），
比利時解剖學家，人體解剖學的奠定人，現代醫學
的創始人之一。他的最主要貢獻是在1543年發表
了《人體構造》一書，該書總結了當時解剖學的成
就，為血液循環的發現開闢了道路。

李商隱吟誦的「春蠶到死絲方盡」不過是生命的基本特徵之一

新陳代謝功能，應激反應的興奮性和生殖繁育進化，這些活動構成了生命的基本特徵。

西元834年的春天。

唐朝東都洛陽，新柳碧綠，隨風搖曳，婆娑起舞。

李商隱的堂兄李讓山在一條河邊的柳蔭下，拿著幾張紙，正在搖頭晃腦地讀著：「風光冉冉東西陌，幾日嬌魂尋不得。蜜房羽客類芳心，冶葉倡條遍相識。暖藹輝遲桃樹西，高鬟立共桃鬟齊。」這正是李商隱寫的詩。

沿河住著不少人家。在一家高大寬敞的宅院前，一個名叫柳枝的美麗女子正倚在門前，右手托腮，雙眉微蹙，側耳傾聽隨風飄入耳中的優美詩句。

柳枝姑娘的父親是洛陽的一個富商，在經商時遭遇風浪，落水淹死了。柳枝有兄弟數人，但她的媽媽最喜歡這個女兒。天真的柳枝姑娘能彈琴吹簫，作海天風濤之曲，對詩歌又有很高的理解鑑賞能力。

「好美的詩！」柳枝順著聲音望去，看到了正在柳蔭下讀詩的李讓山。

「讓山哥，你讀的是誰的詩？」

「這是我堂弟李商隱寫的詩。」李讓山如實回答。柳枝聽後，扯下衣帶打了個美麗的連心結，讓李讓山送給李商隱，說一女子求詩。

第二天，李商隱與李讓山一起並馬來到柳枝家的裡巷，柳枝梳著雙鬟，兩臂交錯站在門下，對李商隱說：「三天後焚香以待，請郎君過訪。」李商隱爽快地答應了柳枝的邀請。

誰知，李商隱的一個朋友偏偏在這個時候邀請他到長安參加一個十分重

要的聚會，李商隱因為有約在身就婉言拒絕了。但是，這個朋友不死心，一而再再而三地邀請李商隱前去。後來，他從李家的僕人那兒瞭解到，李商隱是為了與一個女子約會而拒絕參加朋友聚會的，就決定好好戲弄一下李商隱。於是，他惡作劇地將李商隱的行裝帶到長安去了，李商隱不得不追趕這位開玩笑的朋友。當李商隱快馬加鞭追趕上朋友的馬車時，他的朋友一臉壞笑地說：「你這個重色輕友的輕薄之徒，我們離洛陽很遠了，現在你想跟美女約會已經不可能了！」李商隱十分生氣，但事已至此，也只有聽之任之了，他心想，以後跟柳枝姑娘相見，再解釋清楚。

約會的那天到了，柳枝姑娘早早起床，精心梳妝打扮，盼望著意中人早點到來。可是，她從早晨盼到中午，又從中午盼到晚上，依然不見李商隱的影子。柳枝姑娘的心由熱切的希望變為焦急，又由焦急轉為失望，最後由失望轉為絕望。她痛哭了一夜，第二天一早就來到母親房間，答應做關東的一位地方長官的小妾。

這年的冬天，李讓山冒雪到長安，告訴李商隱，「柳枝已成了別人的姬妾了」。李商隱聽後感傷不已，他立即隨著堂兄回到了洛陽。當他再次來到柳枝姑娘家的大門前，四下環顧，哪裡還有姑娘的影子？但是，耳邊卻似乎縈繞著柳枝姑娘清脆的聲音。李商隱心裡充滿了惆悵，他揮筆寫下了《柳枝詩》五首，題在柳枝的舊居。

李商隱對柳枝姑娘的愛一直埋在心裡，他在晚年還寫下了「春蠶到死絲方盡，蠟炬成灰淚始乾」詩句來寄託思念。

「春蠶到死絲方盡」，除了詩情畫意外，還表現了生命的基本特徵。那麼生物到底有哪些區別與非生物的生命特徵呢？生物學家透過多年的研究，發現至少有三種生命的活動是非生物所不具有的，新陳代謝功能，應激反應的興奮性和生殖繁育進化，這些活動構成了生命的基本特徵。

生物之所以不同於非生物，是因為生物體有一些生物大分子，以它們為

主體，構成了生物體內的各種結構。這些大分子構成了生物的細胞，這些細胞總是在不斷地重建自身的結構，同時又在不斷地破壞自身已經衰老的結構，以新合成的生物大分子代替舊的衰老的生物大分子，這個過程被稱為新陳代謝，也叫自我更新過程。透過這個過程，生物從環境中攝取各種營養物質進行改造和轉化，提供自身改造所需要的原料和能量，並將分解的產物排出體外。

當生物所處的環境發生變化，生物體受到環境刺激時，都會主動作出相應的反應，並產生某種相對的生物電反應的過程，這種表現稱為生物的刺激興奮性。這是生物體普遍具有的功能，是生物生存的必要條件。

生物的生殖功能是指生物體個體發育成熟後，能夠產生與自己相似的子代個體，這種功能也稱為自我複製。生物自我複製過程中，子代在親代的基礎上，不停地進化，並因此來延續種系，形成生命由出生到成熟再到死亡的循環反覆過程。這也是生物所獨具的特徵之一。

小知識：

哈維（西元1578年～西元1657年），英國著名生物學家、醫學家，近代實驗生理學的奠定人。他運用實驗、觀察與邏輯思維的科學方法研究循環系統生理學，提出了血液循環的概念。並花費二十多年心血寫出了專著《動物心血運動的解剖學研究》。此外，他還著有《論動物的生殖》一書，極大地推進了胚胎學的發展。

關於孔雀尾巴的爭論
揭示生命的進化意義

綜觀當今地球上的生命，正是生物進化的結果。從最原始的無細胞
結構生物，進化為有細胞結構的原核生物，原核生物又進化為真核
單細胞生物，最後進化出了真菌界、植物界和動物界。

很久很久以前，在一座森林茂密的大山上，生活著許多動物。一天，上
帝突發其想，決定派遣一位天神到山林去看望那些動物，祂對天神說：「那
是我創造的生靈，祢去問問祂們，看看祂們是否滿意自己的外貌，如果不滿
意，祢可以幫祂們變變樣子。」

天神奉命前往，並很快來到了山林中，祂召集所有的動物，對牠們說：
「如果誰對自己的外貌不滿意可以告訴我，我具有改變你們外貌的本領，讓
你們長得更完美。」

動物們面面相覷，誰也不肯率先開口承認自己難看，都覺得自己非常漂
亮。天神等了很久，忍不住先對猴子開了口：「你對自己的外貌滿意嗎？」

猴子一聽，立即昂起驕傲的腦袋，左右搖晃幾下說：「沒問題，沒問
題，我的外貌一點毛病也沒有。」說到這裡，祂盯著馬說：「哎呀，天神大
人，祢瞧瞧馬先生，祂的臉太長了，請祢幫忙改一改吧。」

馬兒聽了這話，還沒等天神表態，當場抬起蹄子踢了猴子幾下，大叫
道：「我對我的外貌很滿意，不用你瞎操心！」說著，祂跑到大象身邊，一
臉誠懇的樣子說：「說句心裡話，我一直為大象先生的相貌感到難過，你們
瞧，祂的鼻子這麼長，太難看了，請……」

話音未落，大象揚起長鼻子，衝著馬兒連噴好幾口水，弄得牠全身都濕

在古希臘神話中，孔雀之所以美麗，是因為天后希拉將阿耳戈斯的100隻眼睛取下來，安置在了牠的尾巴上。

透了。

此時，山林裡的動物們你一言我一語開了腔，牠們都在挑剔他人的毛病，卻不肯承認自己的弱點，場面一片混亂。

天神看看這個，瞧瞧那個，忽然注意到樹枝上的孔雀一言不發，就問：「你為什麼不說話呢？」這一問話提醒了好多動物，牠們好像約好了似的，轉頭朝向孔雀說：「對了，孔雀的尾巴又短又難看，還是請天神幫牠變變樣子吧！」

孔雀看著大家，點點頭說：「我也覺得自己的尾巴太短太小了，要是有辦法讓它變得好看一些，我真的很開心。」

天神微笑著說：「我立刻幫你實現願望。」祂讓孔雀飛到自己身邊，不一會兒就幫牠換上了整齊漂亮的長尾巴，真是美麗極了。

孔雀展開美麗的新尾巴，太陽照在上面，閃耀著五彩的光芒，眩人眼目。猴子、馬兒、大象還有其他動物見此，非常後悔，圍著天神請求：「請幫幫我吧」、「也幫幫我吧」。可是天神什麼也沒說，一眨眼飛走了。

動物們無法得到天神的幫助，十分嫉妒孔雀，牠們圍攏過來，七嘴八舌地評論道：「這尾巴太花俏了。」「對呀！這樣的尾巴有什麼用？不過是個花瓶罷了。」「哼，有了這樣的尾巴，以後肯定會招惹是非的！」牠們胡亂地說了一通，然後拍拍屁股，各自走了。

生物進化是指一切生命形態發生、發展的演變過程。「進化」一詞來源

於拉丁文evolutio，原義為「展開」，一般用以指事物的逐漸變化、發展，由一種狀態過渡到另一種狀態。1762年，瑞士學者邦尼特最先將此詞應用於生物學中。

植物界的進化是從藻類開始的，從藻類到裸蕨植物，再進化到蕨類植物和裸子植物，最後進化到被子植物。動物界的進化歷程為，原始的鞭毛蟲到多細胞動物，再到脊索動物，進而演化出脊椎動物，脊椎動物中的魚類進化為兩棲動物，再到爬行動物，爬行動物又分化出哺乳動物和鳥類，哺乳動物中的一支進化為高等智慧動物，也就是我們人類。

生物進化是一個由水生到陸生，從簡單到複雜，從低級到高級的過程，由此可以看出進化表現出的特性。不同層次的形態結構逐漸複雜化，逐漸完善，生理功能也越來越專門化，效能一步一步增高。

隨著生物的進化，遺傳訊息量也逐漸增加。同時，由於生物不斷改善內環境調控能力，對環境的分析能力和反應方式不斷加強，使得生物身體對外界環境的自主性增強，逐漸擴大了生物機體的活動和生存範圍。

生物進化的道路並非一帆風順的，除了進化的進步性外，各種複雜的情況也會出現，例如特化和退化現象也時有發生。

正是生物具有進化的特性，才促使了生物多樣性的產生，使得大千世界變得豐富多樣起來。

小知識：

愛德華・琴納（西元1749年～西元1823年），英國醫生。經過二十多年刻苦研究，他終於證實人體接種牛痘疫苗，可以獲得對天花的永久免疫能力，進而挽救了無數生命。他的成功還為人類開闢了一個新的領域——免疫學。

生物學家在玉米中發現會跳舞的基因

一切生命現象都與基因有關，基因是具有遺傳效應的DNA分子的片段，是DNA分子上那些具有遺傳訊息的特定核苷酸序列的總稱，DNA即去氧核糖核酸分子。基因透過複製，把遺傳訊息遺傳給後代，使後代與親代的性狀具有相似性。

一般來說，玉米的顏色基本上都是淡黃色的，可是在野生的玉米當中，也有不同的顏色，比如有藍色的、咖啡色的或者是紫紅色的，這是什麼原因呢？原來玉米的顏色取決於玉米胚乳上麵糊粉層的色素，胚乳是由兩個卵核與一個精核受精組成的，它是玉米在幼苗期的營養來源，而糊粉層的色素受玉米基因的控制。我們不難想像，一個玉米穗棒上會出現不同的顏色，這個現象可以用孟德爾遺傳定律來加以說明和解釋。

可是還有另外一種現象，那就是在一個玉米棒的一顆玉米粒上會出現不同顏色的斑點，比如顏色淺的籽粒上會有深色的斑點，或者深色的玉米粒上會有淺色的斑點，這是什麼原因呢？帶著這個疑問，麥克林托克開始對這一領域進入了深層的探索與研究。在酷熱的夏天，她穿著特製的帶有很多口袋的工作服穿梭於玉米叢中，從玉米的幼苗期開始，仔細觀察籽粒上面的斑點。她發現，在玉米細胞核的九號染色體上，有一個特定的位置，經常發生斷裂進而帶來一系列表現形式上的變化。

這種斷裂直接影響著基因與胚乳的色素、形狀、性質，如果以自粉植株的手法再次種下這種九號染色體帶有斷裂的玉米，那麼所長出的新籽粒的染色體依然會在相同的地方發生斷裂，並且在整個細胞核裡面像游絲一般飄蕩

著無數個絲粒片段。這種斷裂造成顯
性基因缺失，而使同性的隱性基因得
到充分的表達，這也就是籽粒上面斑
點形成的原因。

　　當麥克林托克把這個斷裂的染色
體命名為Ds因子，並準備把它精確定
位的時候，卻發現這個Ds因子竟然是
不穩定的，它像一個舞蹈家一樣會從
染色體的一個位置跳到另一個位置上
去。這種現象在生物學上被稱為「轉
座」。

　　基因是生命的密碼，把遺傳資訊
透過紀錄和傳遞帶給後代，生物體的
出生、成長、生病、衰老和死亡等一切生命的現象，都與基因有著密不可分
的關係。人類大約有幾萬個遺傳基因，儲存著生命整個過程的所有資訊，並
透過複製、表達和修復一系列過程，進而完成生命繁衍、細胞分裂和蛋白質
合成等重要的生理活動，是決定人類生命形式的內在因素。

　　基因有兩個非常突出的特點，忠實地複製自己以保持生物的基本特徵是
它的第一個特點，第二個特點是基因能夠發生突變，基因突變，大多會導致
生物機體疾病，只有一小部分突變是非致病的。自然選擇的原始材料就是非
致病突變，這種突變使生物在自然選擇的過程中，能夠選擇出最適合自然環
境的個體，並遺傳下去，形成物種新的特性。

　　人們對基因的認識是不斷發展的。十九世紀六〇年代，遺傳學家孟德爾
就提出了生物的性狀是由遺傳因子控制的觀點，但這僅僅是一種邏輯推理的
產物。二十世紀初期，遺傳學家摩爾根透過果蠅的遺傳實驗，認識到基因存

在於染色體上，並且在染色體上是呈線性排列，進而得出染色體是基因載體的結論。二十世紀五〇年代以後，隨著分子遺傳學的發展，尤其是沃森和克里克提出雙螺旋結構以後，人們才真正認識了基因的本質，即基因是具有遺傳效應的DNA片段。

在兩倍體的細胞或者個體中，一個染色體組往往包含一整套基因，基因在染色體的位置被稱為座位，每個基因都有自己特定的座位，根據座位的不同，分為野生基因和突變型基因。屬於同一個染色體的基因構成一個連鎖群，進而構成主導生命的基因組。

小知識：

麥克林托克（西元1902年～西元1992年），美國女遺傳學家。她終身從事玉米細胞遺傳學方面的研究，由於提出了「移動的控制基因學說」，於1983年獲諾貝爾生理學或醫學獎。

踩著巨人腳印受孕而生的 伏羲挑戰受精概念

精子和卵子融合為一個合子的過程，就是受精。受精的目的是由合子發育成一具有雙親遺傳性的一個新個體，是有性生殖的一個基本特徵和中心環節，普遍存在於動物界和植物界，是生命繁殖的重要方式。

華胥國有個漂亮的姑娘叫華胥氏，有一天，她到一處風景優美的地方遊玩，那裡花草芬芳，蝴蝶翩翩飛舞，小鳥愉快地歌唱，可是美麗的姑娘卻對一條河流產生了興趣。她心血來潮，沿著河流上方走，想看一看河流的盡頭到底藏著什麼美麗的景色。

在尋找河流源頭的路上，她偶然看到不遠處有個巨大的腳印，她跑近前去，在巨大的腳印旁仔細觀看。面對如此巨大的腳印，她還從來沒有見過，為此，華胥氏感到非常好奇，還跳到上面，用自己的腳仔細丈量著，心裡有一種說不出的開心和快樂。

姑娘回到家後不久，發現自己竟然懷孕了，真是又驚又喜又害怕。十個月後，在三月十八日那天，姑娘生下一位男孩，這個男孩生下來，並不知道自己的父親是誰。

原來，姑娘去的地方是雷澤，雷澤中巨大的腳印是雷神留下的，祂和女媧、盤古一樣是人頭蛇身的神靈。《山海經‧海內東經》中記載著這樣一句話：「雷澤中有雷神，龍身而人頭，鼓其腹。」因此，姑娘生下的孩子是「龍身人頭」的「龍種」。姑娘給孩子取名叫伏羲，這便是中華民族的人文始祖。

「華胥生男為伏羲，女子為女媧。」伏羲和女媧由兄妹結合為夫妻之說正是來自於此。

伏羲的出生只是個傳說，人類的受孕，都是透過受精來完成的。精子和卵子融合為一個合子的過程，就是受精。受精的目的是由合子發育成一具有雙親遺傳性的一個新個體，它是有性生殖的一個基本特徵和中心環節，普遍存在於動物界和植物界，是生命繁殖的重要方式。

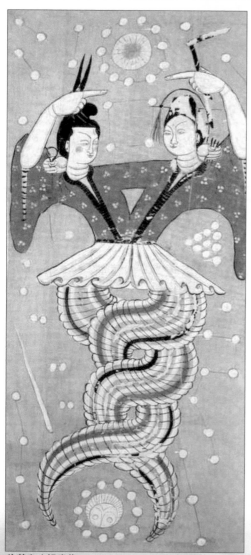
伏羲和女媧畫像。

動物受精包括三個階段，卵子啟動、調整和兩性原核融合。啟動是個體發育的起點，表現為卵子膜改變其通透性，外排皮子顆粒，形成受精膜的過程。啟動之後，為確保受精卵正常分裂，卵內先行發生的變化，稱之為調整。最後是兩性原核融合，融合的目的是為了保證雙親的遺傳作用，恢復雙倍體，合成胚胎發育所需的蛋白質。

動物受精如果雌雄異體，分為體內受精和體外受精兩種，哺乳動物、鳥類、爬行動物、昆蟲等，多數採用體內受精方式，魚類和部分兩棲類動物，採體外受精。另外，雌雄異體的叫異體受精，雌雄同體

的叫自體受精。

　　植物受精方式有三種，包括同配生殖，異配生殖和卵式生殖。只有藻類和菌類有同配生殖和異配生殖現象，而卵式生殖方式，植物界比較常見，從低等的藻類、真菌，到種子植物，都有卵式生殖。

　　無論是動物還是植物，透過受精所產生的子代，既有親代遺傳的特性，同時還會有個體的特異性，為此，受精的意義不僅表現在維持物種的延續上，在生物的進化上，同樣具有重要的意義。

小知識：

羅伯特・科赫（西元1943年～西元1910年），德國微生物學家，世界病原細菌學的奠定人和開拓者。他發明使用固體培養基的「細菌純培養法」，科學地證明結核桿菌是結核病的病原菌，並於1905年獲得諾貝爾生理學或醫學獎。

遭牛頓封殺者的手稿重現天日
喚醒人們回顧細胞的發現

在科學史上，植物細胞是最先被發現的。植物細胞的發現要得益於顯微鏡的發明，在發現植物細胞過程中，人們首先觀察到的是組成植物細胞壁的纖維素。血球的發現是對動物細胞研究的一個巨大的成就，並由此發現，生命有機體的結構和功能單位都是細胞。

一部被深藏了半個世紀的手稿因為一個偶然的機會得以重見天日，這是一卷長達520頁的手稿，它的作者是有「英國最著名的職業科學家」之稱的羅伯特·胡克。羅伯特·胡克曾在「平方反比關係」優先權的爭奪中得罪了牛頓，在他死後不久，牛頓就當上了英國皇家學會的主席。隨後，英國皇家學會中的胡克實驗室和胡克圖書館就被解散，胡克的所有研究成果、研究資料和實驗器材或被分散或被銷毀，沒多久，這些屬於胡克的東西就全都消失了。

其實這部書稿並沒有被珍藏在博物館裡，它只是放在一戶普通人家的櫥櫃裡，也沒有被當做珍品而精心保養。主人是一個小小的收藏家，一次他想要清理一下家裡的陳年舊貨，看看有什麼值錢的東西，就請來了伯罕斯拍賣行的工作人員上門來為其鑑別。等所有的東西都鑑別完畢以後，主人突然想起櫥櫃裡還有一卷舊書稿，因為時間久遠或許還能值幾個錢，於是就抱著試試看的態度拿了出來。

這是一卷蒙著一層厚厚塵土且發黃的書稿，拍賣行的手稿鑑別專家菲利克斯·珀瑞爾翻開書頁，映入眼簾的是「尊敬的皇家學會主席克里史托夫·雷恩爵士主持會議」的字樣，再翻下去，又出現了一連串科學家的名字：雷

恩、萊布尼茨、奧布里、伊芙琳、牛頓。經驗豐富的拍賣行收藏專家頓時覺得這恐怕不是一件普通的書稿，他帶回去以後召集了很多專家進行鑑定，最後驚奇地發現，這竟然是英國十七世紀著名的科學家羅伯特·胡克的親筆書稿。

這一重大的收穫簡直是不可思議，因為這本書稿裡記載的是皇家所有的關於當時科技發展的詳細的會議紀錄。這裡面不僅包括當時天才科學家們的設想和實驗結果，而且還非常全面地說明和

羅伯特·胡克製作的顯微鏡。

註解了他們的科學實驗的過程，比如伊薩克·牛頓率先發現一顆彗星的橢圓形軌道，克利斯蒂安·惠更斯怎樣發明擺鐘，甚至裡面還有一份文檔記錄了胡克與牛頓、雷恩往來信件的內容，在這封書信裡，他們詳細商討了用哪些具體的辦法來證明地球自轉這個科學理論。

這本珍貴的書稿在最近的拍賣會上，被伯罕斯拍賣行定價為一百萬英鎊，可是這本發黃的舊書稿並沒有等到公開拍賣，就被英國皇家學會以不為人所知的高價買走了。英國皇家學會並不是收藏專家，也不是有錢的大佬，他們甚至為了買這本書而四處借貸，他們的行為表明了對現代科學起源的高度重視。

人類自誕生以來就依靠著自己的肉眼來觀察複雜的世界，當然人類肉眼能夠看到的物體都是有一定的限度的。按照科學的檢測，人眼能夠看到的物體極限只有0.1 mm。後來有的學者發現裝有水的水晶器皿可以放大字母，接著瑞士的一位博物學家用放大鏡描述了蝸牛殼和原生動物。然後人們就開始慢慢地瞭解到細胞以及細胞的結構。

　　對於生物學上的細胞研究已經有很久遠的歷史了，但是植物細胞卻是生物學家們首先研究的對象。植物細胞的發現要得益於顯微鏡的發明，生物學家們對於植物的研究也是從簡單到複雜的，而纖維素組成的植物細胞壁被認為是最容易研究的，因此它成了植物細胞研究中最先被研究的內容。對於細胞壁的研究生物學家們都有自己的見解，但是比較統一的說法就是細胞壁不是植物細胞周邊的厚壁，因而也就不可能把細胞視為植物形態學上的結構單位。後來學者們又證明細胞之間是不相通的。

　　植物細胞發現之後接著就是動物細胞的發現，血球的發現是對動物細胞研究的一個巨大的成就，在動物的血液中紅色的血球和白色的血球都是一種游動性的細胞，而這種游動著的細胞在顯微鏡下又比較容易被觀察到，因此在動物細胞的研究中血球成為最先被研究的對象。接下來就是對動物細胞中其他類型的研究，研究動物細胞的共性尤其需要對動物細胞裡更多種類型的研究，需要解決更多的問題。

　　再後來就是細胞核和細胞質的發現。這樣，對於整個的細胞學說的形成就奠定了基礎。細胞的發現大大開拓了人類的眼界，生物產生、成長和構造的秘密也因此被揭開了。

小知識：

伊萬・巴夫洛夫（西元1849年～西元1936年），俄國生理學家。在神經生理學方面，他提出了著名的條件反射和訊號學說，獲得1904年諾貝爾生理或醫學獎。著有《心臟的傳出神經》、《主要消化腺機能講義》、《消化腺作用》、《大腦兩半球機能講義》等。

不斷長高的豆苗
印證生物的螺旋結構

生物大分子是典型的螺旋結構代表，其中包括我們所熟知的遺傳物質DNA、蛋白質、纖維素等等。自然界最普遍的一種形狀是螺旋結構，這種構造是許多生物細胞所普遍採用的微型結構。

從前，有個叫傑克的窮小子，他的母親囑咐他把自家最後一頭乳牛賣掉。傑克在賣牛的路上碰見了一位老人，老人用一些神奇的豆子換走傑克的乳牛。天真而單純的傑克十分相信老人的話，認為這些豆子真的會長到天空那樣高。當他高高興興地回家後，卻被母親大罵了一頓：「一頭大乳牛，你才換一些小豆子，簡直太愚蠢了！」並且在一氣之下，把豆子拋向窗外。

第二天早晨，傑克看到窗外突然出現一棵巨大的豆子樹，他急忙和媽媽一起出去觀看。

「媽媽，老爺爺沒有欺騙我，妳看豆子樹都長這麼高了。」傑克雙眼一亮，看得出來突然長出的植物和老人描述的一致。

傑克偷偷爬上豆子樹，想看看它長了多高。他順著豆子樹不斷往上爬，爬了好久才爬到雲端。他正要找個地方休息，突然看到不遠處有一座非常漂亮的城堡。傑克放棄休息，沿著小路朝城堡跑去。他看到城堡門口站在一位高大的婦人，就上前去說道：「尊敬的夫人，能給我一點東西吃嗎？我肚子好餓啊！」

「可憐的孩子，跟我來吧！」婦人將傑克帶到城堡內的廚房中，囑咐傑克說：「你快點吃，萬一我先生回來看到你，會吃掉你的。」

正在這個時候，門口傳來「咚咚咚」的腳步聲，婦人驚慌地說：「我先

53

生回來了，快，你快躲起來，他發現了會吃掉你的。」

婦人將傑克藏進鍋裡，巨人進來後發現好像有人來過，就用鼻子四處聞了聞，聞了半天毫無收穫，於是他吃了兩頭小牛，並從袋子裡掏出金幣，放在桌子上數著，不知不覺睡著了。藏在鍋裡的傑克偷偷爬了出來，他悄悄地跑到巨人身邊，抱著一袋金幣，順著豆子樹滑了下去。

金幣總有用完的一天，膽大的傑克又一次爬上豆子樹，前往巨人城堡中尋找寶物，這次他偷取了壞蛋巨人最喜歡的金雞蛋。

過了不久，傑克第三次來到巨人城堡，他看到一把非常漂亮的豎琴放在桌子上，神奇的是，豎琴能夠自動發出悅耳的音樂。傑克看到後非常喜歡，等巨人睡熟時，他悄悄地把豎琴拿走了。

「糟了，糟了！」豎琴突然叫了起來。

傑克回頭一看，發現巨人正向這邊追來，他緊緊抱著豎琴，從豆子樹上滑了下來。隨後，傑克找來一把斧頭，將豆子樹的根砍斷，正在順著豆子樹往下爬的巨人從半空掉了下來，當場摔死了。

人類的許多設計似乎都偏好於一些筆直的線條，但科學家們研究發現，

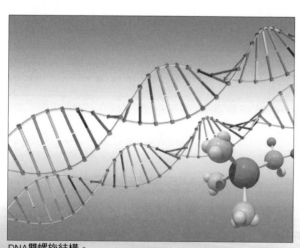
DNA雙螺旋結構。

大自然更傾向於螺旋狀的捲曲結構。生物大分子是典型的螺旋結構代表，其中包括我們所熟知的遺傳物質DNA、蛋白質、澱粉、纖維素等等。決定生命形態的DNA中最重要的結構就是雙螺旋結構，但這並不是一成不變的，有時候一條DNA鏈可以折疊回去，形成了三螺

旋甚至是N螺旋結構。蛋白質的螺旋結構不同於DNA，胺基酸經脫水組成的單鏈螺旋組成了蛋白質中的螺旋的基本結構，因為蛋白質的末端比較不受束縛，所以形成的螺旋結構也是十分多樣的，其中就包括三圈螺旋或者是更多個圈的螺旋結構。人類做為一種高級的動物，其體內的蛋白是螺旋和折疊結構複合在一起的結構。

除了生物大分子之外，螺旋生物體也是螺旋結構的重要表現形式，我們熟悉的螺旋藻就是這樣的一種生物，它是地球上最早出現的光合生物，這種生物體名字的由來就是由於其形體在顯微鏡下觀察時呈螺旋狀。

還有一些在人類體內寄居的各種菌類有的也是呈螺旋狀，例如，寄居在胃裡的幽門螺旋桿菌就是一種典型的螺旋狀的生物體。有些生物還可以利用螺旋狀結構來實現自身的功能，例如水電，這種在海上生活的生物體就是因為牠腿部特殊的螺旋結構才保證在水上正常的生活。

自然界最普遍的一種形狀是螺旋結構，這種構造是許多生物細胞所普遍採用的微型結構。這種構造方式是有其原因的，螺旋狀的結構在生物體中是十分有利的一種結構，因為在生物體中有的分子鏈會比較長，如果不是螺旋狀結構的話，這個分子鏈就極容易斷裂。目前，對於分子螺旋狀的研究已經取得了很大的成就，但是還有很多未知的問題需要生物學家們的進一步深入的研究和努力。

小知識：

法蘭西斯‧克里克（西元1916年～西元2004年），英國生物學家，完成了DNA分子的雙螺旋結構模型，發現了DNA的分子結構。1962年和沃森、威爾金斯一起榮獲諾貝爾生理學或醫學獎。

神農嚐百草只不過品嚐到
生物學研究對象的一部分

生物大致上可以分為五個種類：原核生物界、原生生物界、植物界、真菌界以及動物界，其分類標準就是根據生物的發展、基本形態結構以及各自在生態系統中所引發的作用等。

神農生活的時代，人們吃東西都是生吞活剝，還不知道用火烤或者用水煮，也就是說，那時候的人們還不會「做飯」。由於生吃生食，不少人因此罹患了病。神農天生有個水晶般透明的肚子，人們可以清清楚楚地看到他的腸胃。為了給人治病，他經常到深山野嶺去採集草藥，不僅要走很多路，而且還要對採集的草藥親口嘗試，體會、鑑別草藥的功能。他透過觀看植物在肚子裡的變化，判斷哪些有毒哪些沒毒。

有一天，神農在採藥中嚐到了一種有毒的草，感到口乾舌麻，頭暈目眩，他趕緊找一棵大樹背靠著坐下，閉目休息。這時一陣風吹來，樹上落下幾片綠油油的帶著清香的葉子，神農隨後撿了兩片放在嘴裡咀嚼，頓時一陣清香撲鼻而來。他低下頭看了看透明的肚子，發現綠色的葉子在肚子裡四處流動，好像在檢查著什麼，不一會兒他就感覺到身體一陣舒暢，剛才的不適一掃而空。於是，神農把這種綠葉稱為「查」，這也是「茶」的由來。

神農爬山涉水，嚐遍百草，每天都中毒幾次，全靠「查」來解救。一次，神農見到一朵開著黃色花朵的小草，花萼不時地張開和閉合，神農對它產生了極大的興趣，於是好奇地摘下葉子放進嘴裡品嚐。他感覺這種植物清淡無味，好像沒有什麼毒性，誰知剛走幾步，肚子裡的腸子便一節一節地斷掉了，原來那開著黃色花朵的小草是斷腸草。

　　正是因為神農嚐百草的行動，才使人們瞭解到哪些植物對人有毒，哪些可以做為中藥為人們治病。神農是為了拯救人們而犧牲的，人們稱他為「藥王菩薩」，永遠紀念他。

神農嚐百草。

　　當年神農嚐到了幾百種草藥，然而他所嚐到的百草只不過品嚐到生物學研究對象的一小部分而已。地球上現存的生物估計有200萬～450萬種，而已經滅絕的生物種類會更多。

　　現在我們所瞭解的生物是有很多的種類，這些生物在生態系統中都發揮著各自重要的作用。生物大致上可以分為五個種類：原核生物界、原生生物界、植物界、真菌界以及動物界，其分類標準就是根據生物的發展、基本形態結構以及各自在生態系統中所引發的作用等。

　　其中真核生物的典型代表就是植物，植物以光合作用為主要的營養方

式,是生態系統的生產者,也是地球上人類賴以生存的氧氣的重要來源。真菌做為一種生態系統中的分解者也是一種真核生物。做為生態系統中的消費者的動物也是一種高級的真核生物。

　　大自然中的生物體無以勝數,當年神農嚐到的百草固然增加了人們對生物學的認識,但是更深入的生物學研究還需要人類繼續努力。

小知識:

杜爾貝科(西元1914～),義大利——美國病毒學家。他宣導向細胞內注入已知功能的單個病毒基因而不注入完整病毒的技術,以研究因此而發生的化學變化。這項技術的效果使他得到1975年諾貝爾生理學或醫學獎。

酒神懲罰貪婪的國王
告訴我們生物與非生物之間的區別

生物體的基本組成物質都會包含蛋白質和核酸，都具有新陳代謝這種重要的功能。在生物體的應激性上，生物體得以適應外界環境的一個重要的原因就是能夠對外界所產生的刺激做出一定的應激反應來。同時，生物體都具有延續後代的本領了。

一天，酒神狄俄尼索斯帶著他的隨從——西勒諾斯，在特莫洛斯山脈那些四周爬滿葡萄藤的山丘散步。大家一路上說說笑笑，走著走著，西勒諾斯卻因為不勝酒力躺倒在葡萄藤下睡著了。

不久，佛律癸亞的農民發現了西勒諾斯，這些人給他戴上用桂樹枝編的花環，送到國王彌達斯的王宮中。彌達斯早就想結識西勒諾斯，他派人四處尋找酒神的隨從都未果。這一次，西勒諾斯終於落到自己的手中，他迫不及待地問道：「請你告訴我，對人類來說，什麼才是最好最妙的東西？」西勒諾斯木然呆立，一聲不吭。最後，在彌達斯強逼下，他突然發出刺耳的笑聲，說道：「可憐的浮生啊！無常與苦難之子，你為什麼逼我說出你不想聽的話呢？最好的東西就是不要降生，不要存在，成為虛無。可是你根本得不到！不過，對於你還有次好的東西——立刻就死。」彌達斯心裡一驚，雖然弄不明白語中的玄機，但還是虔敬地接待了他十天十夜。

在第十一天的早上，酒神狄俄尼索斯找上了門來。為了感謝彌達斯對自己老朋友的熱情招待，狄俄尼索斯決定滿足他一個願望。

彌達斯說：「我想讓自己所接觸到的東西都變成閃閃發光的金子，不知這個願望能不能實現？」

彌達斯向酒神提出自己的願望。

　　酒神聽了之後，遺憾地搖著頭說：「雖然這是一個荒唐的請求，不過我還是會滿足你的。」

　　彌達斯得到酒神的餽贈之後，立刻來到宮門外折下一根橡樹枝來做試驗，奇蹟發生了，橡樹枝果然變成了金子。

　　彌達斯欣喜若狂地返回王宮，手指剛一碰到宮門，宮門就變成了金子。回到寢宮，換衣服，衣服變成金子；洗手，水盆變成金子；餓了，拿起叉勺，抓起麵包，都變成了金子；最令他絕望的是，他一不小心用手指碰觸了一下自己的女兒，沒想到愛女也變成了金子。

　　直到現在，彌達斯才明白他祈求得到的財富是多麼可怕。他後悔極了，大聲詛咒自己愚蠢，並絕望地抓起了自己的頭髮，可是頭髮也變成了金子。彌達斯萬分驚恐地舉起雙手朝天祈禱起來：「哦，偉大的神啊！請寬恕我的無知吧！」

　　這時，酒神狄俄尼索斯來到他的面前，答應解除魔法。他說：「人不可貪婪，到派克托羅斯清泉去吧！在那裡，你將頭髮用泉水洗三次，這樣你就可以把自己的罪孽洗乾淨了。」

　　彌達斯按照狄俄尼索斯的指令去做，身上的魔法果然離開了他，但是造金的力量也轉移到了河流裡，使這條河流布滿了細小的金粒。

　　大自然中的生物體是有自己的特徵、屬性和規律的，它和非生物之間有著本質的差別。

　　首先，生物體的基本組成物質都會包含蛋白質和核酸，核酸在生長、遺傳、變異等一系列重大生命現象中有著決定性的作用，而蛋白質是生物體生命活動的基本保障物質，這些都是生物體共同的物質和結構基礎，基本單位就是細胞。

　　其次，生物體具有新陳代謝這一重要的功能。新陳代謝是生物體區別於非生物體的一個重要的方面，生物體透過新陳代謝的作用進行一種特殊的化學反應，在這種化學反應的作用下，生物體能夠實現對自身的不斷更新，就這一點來看，所有的生命活動都是以新陳代謝為基礎的。

　　第三，表現在生物體的應激性上。生物體得以適應外界環境的一個重要的原因就是能夠對外界產生的刺激做出一定的應激反應來。

　　第四，生物體有延續後代的本領。毫無疑問，生物的生長和發育保證了生物種族的延續。

　　第五，生物體會透過遺傳和變異來進化或者說是保證物種的生存。遺傳是對上一代特性的繼承，保持了物種的穩定性，而變異則能夠實現物種的進化，進而能夠產生新的品種。

　　生物世界是一個統一的自然體系，各種生物追根究底都來自一個最原始的生命類型。也可以理解為生物不僅有一個複雜的縱深層次，它還具有個體發育歷史和種系進化歷史。儘管生物世界存在驚人的多樣性，但是生物體還是有它們共同的結構基礎和生存規律的。

小知識：

王慶讓，國立台灣大學動物學系圖書館管理員，兼任副教授，已退休。

1955年畢業於台灣大學動物學系，在大學時期利用日本學者採集的大量蛇類標本，開始從事爬蟲類的分類研究，並將研究寫成畢業論文，是第一篇台灣人自行研究發表的爬蟲類相關論文，在台灣蛇類分類上佔有重要的地位。1956年在台大動物系擔任系圖管理員。1978年與當時系主任梁潤生教授共同發表新種台北樹蛙，根據採集自台北縣（包括木柵、石碇和樹林）之成蛙和蝌蚪共同發表命名，而為紀念發現地台北縣而得其學名及中文名。另外面天樹蛙則是他和日本學者聯合發表的新種，這兩種樹蛙的模式標本都存放在台大動物系標本館。

煮沸的肉湯 揭開微生物的神秘世界

微生物是一切肉眼看不見或看不清的微小生物的總稱。微生物的種類十分豐富，分為原核類、真核類和非細胞類。細菌就屬於原核類的微生物，真菌、原生動物和顯微藻類屬於真核類，而病毒和亞病毒屬於非細胞類。

生物界的「自發發生說」得到了很多人的認可，他們都認為在一定的環境下，溶液裡是會有微生物長出來的。雖然後來的試驗證明微生物不是憑空而來，它是跟隨空氣一起進入到瓶中的，但是這個說法依然改變不了這些人已經形成的固有看法，英國顯微鏡學家、天主教神父尼達姆同樣也是「自發發生說」的支持者，他甚至相信浸泡在水裡的麥芽也同樣能夠產生蠕動的微生物。

為了論證「自發發生說」，他做了一個實驗，在實驗室準備了一個容器，裡面是肉湯，然後把肉湯煮沸冷卻，幾天以後，無論盛肉湯的容器有沒有被封閉，裡面都會有微生物產生，這也就是說，生命在這種外界無法侵入的狀態下依然可以自主發生。這個實驗也證明「自發發生說」是有其充分理論根據的。在1748年，尼達姆發表了實驗結果，聲稱無論何種物質，它本身都是具有活力的，不需要外界的導入。

對於尼達姆的實驗結果，義大利的修道士斯巴蘭紮尼卻提出了疑義，他認為尼達姆把肉湯煮熟以後再封口的做法是錯誤的，根本無法禁止微生物進入容器的作用，正確的方法應該是首先將容器封閉，然後再加熱，並且在煮沸的時間上也做了調整。這次斯巴蘭紮尼將煮沸的時間延長到半個小時或者

四十五分鐘後，不同的實驗結果便出來了，經過這樣的處理，肉湯裡再也不會有生命出現。一段時間以後，斯巴蘭紮尼開啟封閉的容器，沒過多久，容器裡便有微生物長出來了。

這兩個實驗到底誰的更有說服力呢？後來很多人都重複了斯巴蘭紮尼的實驗，其結果五花八門，有的與尼達姆一致，有的卻發現斯巴蘭紮尼的實驗存在問題，認為他煮沸的時間太長了，使容器裡面的空氣失去了刺激新生物生長的能力，所以才導致微生物無法生出。

這種爭論一直持續了很多年，不過他們在這場實驗中還有另外一種收穫，那就是封閉以後再煮沸的肉湯是沒有微生物生長的，這給食物製造者帶來了很大的啟發。法國廚師阿珀特應用斯巴蘭紮尼的技術來貯藏食物，他把食物放在乾淨的瓶中，密封加熱到水的沸點，罐頭的保鮮技術便因此應運而生。

微生物的種類十分豐富，按照現在生物學家們比較認同的劃分方法，可以把微生物劃分為原核類、真核類和非細胞類。我們熟悉的細菌就屬於原核類的微生物，真菌、原生動物和顯微藻類屬於真核類，而病毒和亞病毒屬於非細胞類。這些種類繁多的微生物都是微生物學的研究對象。

很久以來，人們就已經開始接觸到微生物並且加以利用了，但是當時的人們卻沒有對微生物有一個系統而又全面的認識。例如，釀酒這個在中國有四千多年歷史的技術就是得益於微生物，北魏賈思勰所著的《齊民要術》中還記載了穀物製麴、釀酒、製醬、造醋和醃菜等方法。人們真正認識到微生物的存在是在十七世紀，荷蘭人列文虎克用自製的簡單顯微鏡觀察了牙垢、雨水、井水和植物，發現其中有許多運動著的「微小動物」，並用文字和圖畫把它們記載了下來，這就是最早對微生物的科學描述。

在現實生活中，微生物無處不在，而且很大一部分微生物對人類都是有利的。例如，口腔中的一些微生物有利於增強人的抵抗力，胃裡的一些微生

物有利於食物的消化。但有一部分微生物對人體卻是有害的，它們被稱為
「病原微生物」，這些微生物會引起很多難以迅速治癒的疾病。「病原微生
物」根據其基本結構和基本性質又被分為三類：非細胞型微生物、原核細胞
型微生物、真核細胞型微生物。

　　微生物的世界是十分廣闊的，生活中到處可見，當然也包括煮沸的肉
湯，藉助光學顯微鏡我們還可以對微生物有更加深入的瞭解。

小知識：

查理斯・斯科特・謝靈頓（西元1857年～西元1952年），英國生
理學家。1906年出版了《神經系統的整合作用》專著。此書影響深
遠，對現代神經生理學，特別是腦外科和神經失調的臨床治療，均
有重大影響。由於謝靈頓在神經系統研究工作的傑出成就，1932年
與阿德里安（E.D.Adrian）同獲諾貝爾生理學或醫學獎。

誰第一個發現了愛滋病毒之爭
示範病毒的生命形態

病毒是一種個體很小、結構簡單的微生物體，它主要由核酸分子與蛋白質構成，是一種典型的非細胞形態結構的微生物。病毒在自然界中的分布十分廣泛，它可以感染細菌、真菌、動物和人，常引起宿主發病。

1981年，世界上幾個有名實驗室分別報告說，在同性戀青年男子群體中診斷出一種新的傳染病——愛滋病。自此，在世界各地開始了一場鑑定、分離其病原體的競賽。

1983年，法國巴斯德研究所的蒙塔尼、巴爾·西諾西及其同事們首先在一名患者的淋巴結中分離出了病毒，並在顯微鏡下看到了病毒的實體。當年5月20日，他們在美國《科學》雜誌報告了這個發現。湊巧的是，同一期雜誌還發表了三篇關於愛滋病毒的論文，其中兩篇出自美國國家癌症研究所蓋洛實驗室，另外一篇出自哈佛醫學院米隆·以撒斯實驗室。這三篇文章都認為愛滋病是HTLV-1病毒引起的，這種病毒是蓋洛實驗室1980年發現的，並於1982年發現了該病毒的HYLV-2型。

蒙塔尼等人看了文章後，向蓋洛實驗室要來HTLV-1和HTLV-2樣本，以便與他們發現的病毒做比對。經過觀察，他們確認自己發現的病毒並非HTLV，而是一種新病毒，於是他們將之命名為LAV。9月，他們開發出了檢測血液中是否含有愛滋病毒的檢測方法，並在英國申請專利，12月，他們向美國申請專利。

讓他們想不到的是，就在這時，蓋洛和美國衛生與人類服務部突然宣布

發現了新型HTLV病毒，命名為HTLV-3，論文發表在1984年的《科學》雜誌上。他們同時宣布開發出了檢測愛滋病毒的方法並申請專利。美國專利局授予蓋洛專利，而早幾個月的蒙塔尼等人自然與之無緣。

對此結果，蒙塔尼等人十分奇怪，他們透過測定發現，所謂的HTLV-3病毒與他們發現的LAV極為相似，而與HTLV-1、HTLV-2差異明顯。就是說，愛滋病毒根本就不是蓋洛發現的HTLV，他們將之命名HTLV-3並不合適。鑑於此，一個命名委員會建議將愛滋病毒稱為HIV。後來，這一名稱沿用了下來。

至此，蒙塔尼不得不回顧1983年9月份自己到美國參加的一次會議，當時他把LAV病毒株交給蓋洛，雙方簽署了一份合約，表示蓋洛實驗室可以用來做學術研究，但不能用以商業開發。難道是蓋洛實驗室竊取了LAV研究成果，冒名HTLV-3來申請專利？

1985年12月，巴斯德實驗室將蓋洛實驗室告上法庭，要求他們歸還愛滋病檢測專利。這場學術含量極高的官司引人矚目，驚動了兩國總統——雷根和密特朗。在他們主導下，雙方於1987年達成協定，平分專利費。

這可算是醫學界的一樁奇聞，此後，關於愛滋病毒發現權的問題依然爭論不休。蓋洛起初否認二者是同一個病毒株，後來不得不承認二者相同後，又反過來指控蒙塔尼實驗室盜用了他的病毒株，蒙塔尼不是曾經也向他要過HTLV病毒株嗎？

事實無法掩蓋，在公眾和媒體壓力下，美國政府不得不一次又一次重新審議此事。1994年，這場持續十年之久的醫學之爭有了結果：美國衛生部終於承認「巴斯德研究所提供的病毒在1984年被美國國家衛生研究院的科學家用以發明美國HIV檢測工具」，並同意讓巴斯德研究所分享更多的專利費。

病毒由蛋白質和核酸組成的，它的顆粒非常小，經常是以奈米做為測量單位，大多數的病毒要用電子顯微鏡才能觀察到。病毒的結構十分簡單，沒

有細胞結構，以複製進行繁殖。

核酸在病毒裡的分布是獨一無二的，也就是説一個病毒只能含有DNA或者只能含有RNA，病毒中的核酸的功能很小，不僅不包含蛋白質還沒有核酸合成酶，因此它們只能利用宿主的代謝系統來合成自身的核酸和蛋白質成分。即使病毒中的核酸功能很小，但是它仍然能夠憑藉著獨特的結構實現其大量的繁殖。有些病毒的危害性很大，雖然有的時候沒有立刻引起疾病，也可能是病毒隱藏在宿主的基因組裡，這樣就有可能會誘發潛伏性感染。

病毒的形態包括七種：球狀病毒、桿狀病毒、磚形病毒、冠狀病毒、有包膜的球狀病毒、具有球狀頭部的病毒、包含體內的昆蟲病毒。病毒按照寄主的種類可以分為噬菌體、植物病毒和動物病毒，而我們熟悉的愛滋病病毒就屬於動物病毒。

對病毒的研究對人類的健康是有很大意義的，因為現在醫學上難以治癒的疾病基本上都是由很複雜的病毒引起的，所以藉助於現代生物技術的發展，生物學家必將揭開病毒學的奧秘。

小知識：

約瑟夫・利斯特（西元1827年～西元1912年），英國醫學家，被譽為「外科消毒之父」。他發明的「外科消毒法」在十九世紀被稱為「醫學史上的一場革命」，不僅挽救了很多生命，病人的痛苦也大為減輕。1867年，他公布了自己的這一重要研究成果。

最後兩隻蚊子
叮咬出生物的危害性

生物危害是指，一個或其中部分具有直接或潛在危害的傳染因子，
透過直接傳染或者破壞周圍環境間接危害人、動物以及植物的正常
發育過程。

1881年，英國醫學家羅斯來到印度行醫。羅斯對印度並不陌生，他的父
親是英國駐印度殖民軍的一名將軍，他出生在印度。少年時，羅斯回英國讀
書，直到醫學院畢業。

羅斯對當地流行的一種疾病很感興趣，這就是瘧疾。當時，不管是印度
居民還是英國士兵，都被瘧疾折磨得苦不堪言。羅斯將注意力集中到瘧疾
上，並很快提出了自己的疑問：

「瘧疾」一詞在拉丁語中的含意是「壞的空氣」，古羅馬人意識到應避
開某些沼澤地區的瘴氣。可是，他在瘧疾患病者體內發現了一種大小如紅血
球的寄生蟲——瘧原蟲。牠是如何侵入人體的？

帶著這一疑問，羅斯設法追蹤這種寄生蟲的生活史，發現瘧疾並不是由
帶病菌的空氣，而是由不流動的水中所繁殖的蚊子造成的。

為了查清瘧疾的傳播媒介，羅斯開始日復一日地與蚊子打交道。1893年
的某天晚飯時分，他在顯微鏡下對蚊子進行逐一觀察。近八個小時了，羅斯
已經眼睛痠痛，精疲力盡，加上天氣炎熱，蚊蠅叮擾，使他汗流浹背，心情
非常煩亂。可是，觀察毫無結果，望著最後兩隻尚未觀察的蚊子，羅斯心中
不免產生動搖：「是放棄牠們，還是再堅持一下？」

強烈的事業心使羅斯重振精神，繼續不顧疲憊地工作下去。就在這時，

他突然在這兩隻蚊子身上發現了一種細而圓的細胞，其中含有黑色物質組成的小顆粒，與瘧原蟲的色素完全一樣！

羅斯喜出望外，他終於證實了蚊子是傳播瘧疾的元兇。後來，他進一步發現了蚊子傳播瘧疾的過程：瘧原蟲先寄生在蚊子的胃內，在那繁殖後，幼蟲侵入蚊子的唾液腺內。當蚊子叮人時，唾液中的寄生蟲隨之進入人體的血液中。幾週之後，被感染的人就會出現瘧疾特有的發熱和寒顫而病倒。

從生物危害的定義就可以看出它的危害性很大。

生物危害來自多個方面：

首先，生物危害來自人、動物和植物的各種致病微生物的危害。這些微生物的有害性不僅僅表現在危害人類，有些微生物的危害甚至波及到農業和畜牧業，這就直接關係到一個地區的經濟發展了。

其次，外來物種的入侵導致的生物危害。儘管外來物種能夠給當地的人們帶來一定的好處，但是有許多外來物種被引進之後，給農、林、牧、漁等行業造成巨大的危害和經濟損失，甚至導致生物多樣性和遺傳多樣性的下

降，對社會、文化和人類健康也將構成威脅。

　　第三，來自轉基因生物的危害。隨著現代科學技術的發展，轉基因生物越來越受到人們的青睞，當然轉基因生物帶給人類的好處是顯而易見的，但是不要忘了轉基因生物也存在著一定的風險。一些科學家認為，轉基因生物有可能對人類健康、農業生物和環境生物構成極大的影響。

　　第四，來自生物恐怖事件。許多恐怖分子利用微生物做出一些恐怖活動，這對人類的危害性是非常大的。

　　對於生物危害，人類應該採取科學合理的措施才能避免更大的損失。而在一些特殊的生物實驗室就要求工作人員要十分小心，及時做好消毒工作和對盛裝病毒容器的封閉性做好檢查。

小知識：

　　羅納德・羅斯（西元1857年～西元1932年），英國微生物學家。主要研究瘧疾的侵入機制與治療方法，並且在西非發現傳播瘧疾的瘧蚊。由於瘧疾研究，而獲得1902年諾貝爾生理學或醫學獎。

遭人嘲笑的皇家醫生
發現胃中的原核生物

原核生物由原核細胞構成的生物。細胞中無膜圍的核和其他細胞器，包括古核生物和細菌。染色體分散在細胞質中，不具有完全的細胞器官並主要透過二分分裂繁殖，如細菌、藍藻、支原體和衣原體。與古核生物、真核生物並列構成現今生物三大進化譜系。

澳大利亞西部皇家佩思醫院（Royal Perth Hospital）的病理醫生華倫，用電子顯微鏡觀察病人胃裡的細菌時，發現螺旋狀細菌基本都在胃有炎症或者潰瘍的地方。於是他開始在醫院裡宣傳自己的觀點，並且發表文章，指出胃炎和潰瘍與螺旋菌感染有關。

然而，在此之前醫學界的一致看法是，胃裡雖然有螺旋菌，但它們來自口腔，並非胃裡生長的。因為胃裡的鹽酸濃度實在太高，很難想像有什麼細菌能夠在這個環境下存活。即使看到有細菌生長，也是因為胃組織死亡以後在那裡繁殖起來的。華倫的觀點表明後，立即招致同事們的嘲笑，大家都覺得他是在胡說八道。1981年，醫院胃腸病科來了一個年輕實習醫生，專門研究胃腸病。因為要完成一篇論文，他就主動找到華倫說：「我想在病人身上驗證您的觀點。」

一個偶然的機會，年輕醫生遇到一位潰瘍病人，這位病人因為其他原因服用一段時間的四環素，潰瘍病居然奇蹟般好轉了。他立即想到華倫的觀點，並給病人安排了胃鏡檢查，結果確認這個病人的確是痊癒了。後來，年輕醫生臨床看病之餘，就蒐集一些病人胃黏膜標本，到微生物實驗室做細菌培養。1982年復活節，實驗室沒人上班，他做了一個細菌培養，放在實驗室

後也回家過節。六天後，當他回到醫院，取出細菌培養皿時，激動得差點把培養皿掉在地上，原來上面長了一個菌斑！這是人類第一次成功培養出的幽門螺桿菌。

這個年輕的醫生就是巴里・馬歇爾。

單細胞生物居於領導地位佔據了地球生命存在的幾乎6/7的時間。在細胞形成的早期，以原核生物藍菌為主體的單細胞生物很快便開始了生命的第一次生態系統的建構和擴張，成為當時生物界的主宰。由於環境因素的驅動，原核生物藍細菌生態體系走向衰落，真核生物走向興盛和繁榮，出現了歷史上第二次生態擴張。原核生物與真核生物的根本性區別是後者的細胞內含有細胞核，因此以真核來命名這一類細胞。許多真核細胞中還含有其他細胞器，如線粒體、葉綠體、高爾基體等。與真核生物的種類相比，已發現的原核生物種類雖不甚多，但其生態分布卻極為廣泛，生理性能也極為龐雜。

幽門螺桿菌屬原核生物的細菌，它的發現打破了當時已經流行多年的人們對胃炎和消化性潰瘍發病機理的錯誤認知，從此，潰瘍病從原先難以治癒反覆發作的慢性病，變成了一種採用短療程的抗生素和抑酸劑就可治癒的疾病，大幅度提高了胃潰瘍等患者獲得徹底治癒的機會。這個發現還啟發人們去研究微生物與其他慢性炎症疾病的關係，正如諾貝爾獎評審委員會所說：「幽門螺桿菌的發現加深了人類對慢性感染、炎症和癌症之間關係的認識。」

小知識：

巴里・馬歇爾（西元1951年～），澳大利亞臨床微生物學教授。他與羅賓・華倫因為發現了幽門螺桿菌以及這種細菌在胃炎和胃潰瘍等疾病中的作用，被授予2005年諾貝爾生理或醫學獎。

吳剛伐桂樹
伐不斷生命的連續性

生物生命的根本屬性就是生物的遺傳性。生物的生殖是指生物體發育到性成熟之後就能夠產生後代，進而使整個種族的生物個體增多，種族得以延續下去。這種生命體的延續實際上就是遺傳資訊的傳遞。

從前，在月宮裡，有一棵生長了幾兆年的桂花樹，它高大挺拔，枝繁葉茂，永不凋謝，幾乎蓋住了月亮的光芒。

這時，天庭來了一位叫吳剛的人，他是人間的武士，受到一位道士的點化，來此尋求長生不老之術。玉皇大帝見到吳剛，發現他精通武藝，臂力過人，是一個可造之才，就想把他留在天庭。誰知道吳剛個性耿直，脾氣火爆，況且他在人間散漫慣了，不把天庭的規矩放在眼裡，經常打抱不平，鬧得天庭雞飛狗跳。玉皇大帝懲罰他，可是吳剛不長記性，剛得到的教訓，轉身就忘掉了，玉皇大帝拿他也沒辦法。

有一次，吳剛觸犯了天條，玉皇大帝心想：「這回必須給他點教訓，不能再縱容下去了。」於是，他對吳剛說：「月宮裡有一棵桂花樹，你把它砍倒再來見我。」

吳剛被侍衛押解到月宮的桂花樹下，他揉了揉麻木的手臂，撿起地上的斧頭，二話不說對著桂花樹砍了起來。頓時，桂花樹落下了一大片樹葉，不到一天，他就將一棵活了幾兆年的桂花樹砍的只剩下為數不多的枝杈。吳剛砍著砍著，感覺到累了，心想：「我休息一下繼續砍不遲。」於是，他躺在樹下睡著了。

當吳剛睜開眼時，看到一棵完好如初的桂花樹出現在眼前，他揉了揉眼睛，頓時感到自己受愚弄了，便立刻跳起來，撿起斧頭，用力砍了下去。可是這次，只要吳剛砍掉一塊樹皮，桂花樹就會長出一塊新的，玉皇大帝就是利用這種重複的勞動對吳剛進行著無休止的懲罰。

最早的生命是從無生命物體的開始，但是自從地球上有了生命體之後，生命就只能是來自已經存在的生物。由此可知，生物生命的根本屬性就是生物的遺傳性。

生物的生殖是指生物體發育到性成熟之後就能夠產生後代，進而使整個種族的生物個體增多，種族得以延續下去。生物體得以延續的重要原因就是這種任何生物體都能夠繁衍後代的能力，這種能力是生物體在其個體死亡之前都擁有的。

生物體的生殖是生物體實現親代與後代之間生命延續的方式，分為有性生殖和無性生殖兩種。

動物的有性生殖分為卵生、胎生和卵胎生，而無性生殖則有出芽生殖和細胞生殖兩種；植物的無性生殖分為孢子繁殖和營養繁殖。因為生殖能夠實現生物體的繁衍，因此生殖是生命的基本特徵之一。

生物體能夠透過發育實現個體一生中生命的

吳剛伐桂圖。

延續。這種生命體的延續實際上就是遺傳資訊的傳遞，親代透過遺傳資訊將生命體的基本特徵傳遞給下一代，在這個過程中遺傳資訊也會發生變化，這種變化就是生物體的進化。

遺傳學和進化學是生物學的兩大重要的研究課題，遺傳和變異也是生態系統得以延續的重要原因。

小知識：

恩斯特・邁爾（西元1904年～西元2005年），美國進化論生物學家，被譽為「二十世紀達爾文」。他把物種定義成一群相互能夠繁殖後代的個體，而它們與這個群體以外的個體不能繁殖後代。這個概念也因此解答了查理斯・達爾文的一個生物學難題。同時，他還在鳥類學、分類學、動物地理學以及進化論方面提出了很多新概念和理論，比如「物種」、「創始者原則」、「外周隔離成種」，並且相繼出版了一系列學術專著。

飛蛾撲火
撲不滅昆蟲的生物學特性

昆蟲的生物學特性表現在很多的方面，包括昆蟲的繁殖、發育、蛻變、習性等等許多方面。昆蟲的發育分為兩個階段：第一階段在卵內進行至孵化為止，稱為胚胎發育；第二階段是從卵孵化後開始到成蟲性成熟為止，稱為胚後發育。

在一個伸手不見五指的夜晚，一隻飛蛾突然發現不遠處有微弱的亮光，牠知道，那是讀書人點亮的。牠拍著翅膀朝燈光飛去，試圖藉助燈光，發現可口的食物和心愛的伴侶。

飛蛾遠遠地圍繞著燈光飛行，而燈光將牠的背影放大在牆上，跳動的火焰對著飛蛾說：「你看，你多麼偉大！」

飛蛾聽了說：「我真的很偉大嗎？」

「是啊！你看看你背後的影子。」飛蛾轉過頭看到牆上映著一個巨大的背影，牠激動地說：「這是我嗎？」為了看清楚一些，蛾子朝背影飛去。蛾子越飛越近，牆上的影子也縮小了很多。

火焰說：「你只有離火光越近，才能看清楚自己的樣子。」

飛蛾聽後，拍著翅膀朝火焰飛去，不時轉頭觀看牆壁上的影子，果然變大了，不由得相信了火焰的話，怡然自得，翩翩起舞。

火焰繼續說：「快來，快來，再近一點，再近一點。」飛蛾不知就裡，為了使自己的形象更高大，牠拍打著翅膀，奮力向火焰的中心飛去。突然火焰張開熾熱的大嘴，瞬間吞沒了志得意滿的飛蛾。

飛蛾就這樣鑽進了火焰布下的圈套，成了火焰的盤中餐，也為人們留下

一個飛蛾撲火的成語，成為了人們的笑談。

　　昆蟲的生物學特性表現在很多的方面，這種特性也可以叫做昆蟲的個體發育特徵，牠包括昆蟲的繁殖、發育、蛻變、習性等等許多方面。

　　昆蟲的種類和數量都很多，這和牠們的繁殖特點是分不開的，昆蟲的繁殖方式十分多元化，繁殖力強，這是牠們能夠成為一個龐大家族的重要原因之一。昆蟲的繁殖分為兩性生殖、孤雌生殖、卵胎生和幼體生殖和多胚生殖。每一種昆蟲的繁殖方式都有其各自的優點，進而能使牠們順利地繁衍後代。

　　昆蟲有一個不同於其他生物體的重要特徵就是牠會有一個蛻變期，蛻變顧名思義就是生物體從不成熟到成熟的一種身體方面的改變，在這個過程中生物體的外部以及內部器官都會有一定的變化。

　　昆蟲的蛻變分為不全蛻變和全蛻變兩種類型，生物體在長期的演化過程中會有適應不同的生存環境的變化，在這種適應的過程中生物體會根據環境的變化選擇不同的蛻變方式。

　　昆蟲的個體發育可以分為兩個階段：第一階段在卵內進行至孵化為止，稱為胚胎發育；第二階段是從卵孵化後開始到成蟲性成熟為止，稱為胚後發育，細分的話還可以分為卵期、幼蟲期、蛹期和成蟲期。除此之外，昆蟲還有季節發育，就是昆蟲會尋找適當的季節進行生長、發育和繁殖。昆蟲的重要行為習性有趨性、食性、群集性、遷飛性以及自衛習性等幾個方面。這些習性也都是昆蟲對自然環境適應的結果。

小知識：

　　路易士・湯瑪斯（西元1913年～西元1994年），美國醫學家、生物學家。主要著作有《細胞生命的禮讚》和《水母與蝸牛》。

如魚得水
表現生物多樣性特徵

一定範圍內多種活的有機體，例如動物、植物、微生物會進行有規律的結合，這種結合會構成一種比較穩定的生態綜合體，就叫做生物的多樣性。生物多樣性的範圍十分廣泛，包括動物、植物、微生物的物種多樣性等等。

劉備在沒當上皇帝之前，曾經投靠他遠在荊州的本家兄弟劉表，並在劉表麾下為官，駐守在新野這個地方。劉備是一個胸懷大志、心繫天下的人，他不甘心寄人籬下，一心想恢復大漢王朝的榮耀。此時，謀士徐庶和劉備關係較好，徐庶向劉備推薦諸葛亮，說諸葛亮是一個難得的人才，能得到他的輔佐，天下便如囊中之物，唾手可得。

為了請諸葛亮輔助自己取得天下，劉備三顧茅廬，也就是他三次光顧諸葛亮住的茅草屋，表達了他對諸葛亮的重視、愛惜和仰慕之情。

諸葛亮看到劉備態度非常誠懇，是真心真意想請他幫忙，就在劉備第三次到他的茅草屋時，親自面見了劉備。

劉備向諸葛亮請教許多關於治理國家的方針和策略問題，並懇請諸葛亮分析當前天下的形勢，諸葛亮毫不謙虛，一一做答，並指出劉備不可能這樣赤手空拳與曹操、孫權爭奪地盤，只有先佔據益州和荊州，有了自己的根據地，才有機會和曹操、孫權一爭高低，鼎足而立。

劉備聽了諸葛亮的高談闊論，對諸葛亮非常欽佩，極力邀請諸葛亮輔助自己，諸葛亮本來也不想隱居一輩子，此次見劉備真心邀請，於是欣然應允。此後的幾天裡，劉備與諸葛亮形影不離，促膝長談，綜論天下大事，感

情日漸深厚，惹得劉備結拜兄弟關羽和張飛很不高興，劉備就對他們說：
「我得到孔明的輔助，好比魚得到了水一樣。」

明宣宗朱瞻基的繪畫作品——《武侯高臥圖》。此圖繪諸葛亮隱居南陽躬耕自
樂的模樣。

　　生物多樣性是整個生態系統的重要特徵，因此，生態系統多樣性離不開
物種的多樣性，也離不開不同物種所具有的遺傳多樣性。

　　遺傳多樣性也是生物多樣性的重要組成部分。遺傳多樣性可以說是遺傳
基因的多樣性，因為決定生物遺傳資訊的還是生物體的遺傳基因，所有的生
物體都會無一例外地包含著多種基因，而且基因也是生物體進行遺傳和變異
的基礎，也就是生命體延續的基礎。

　　物種多樣性也是生物多樣性的一個重要的研究課題。地球上動物、植
物、微生物等生物種類十分豐富，而生物多樣性正是基於此特徵的一個定
義。物種多樣性可以分為兩種，一種就是一個區域的物種很多，及其豐富的
程度，另一種就是一個地區的生態學方面的物種分布十分稠密。

　　生態系統的多樣性主要表現在地球上生態系統的組成、功能方面具有多樣性，這種多樣性是生態系統得以持續發展的重要基礎，因此也成為了生物學家們普遍研究的對象。

小知識：

卡米洛・高爾基（1844年～1926年），義大利生物學家。1870年，他用硝酸銀染色確認中樞神經系統的某些神經細胞，1883年起與卡哈爾共同發展和周全了硝酸銀技術，並詳細地描述神經細胞的複雜結構，因而兩人共獲1906年諾貝爾生理學或醫學獎。1898年觀察到神經細胞質中的硝酸銀染色區域，後稱「高爾基體」或「高爾基器」。

學唱歌的驢子
不懂得個體差異

生物的個體差異性就是指同一物種甚至同一群種的不同個體之間的差異。生物個體差異產生的原因最有力的解釋就是遺傳與變異，其中，變異是最重要的因素。

有一頭驢子每天都在田裡工作，工作之後被主人牽到田邊小樹林休息。樹蔭下涼涼的，沒有曝曬在毒辣辣的太陽底下，驢子覺得特別舒服，常常吃飽後慢悠悠地躺倒在地上，享受工作之餘的片刻幸福。

驢子半閉著眼睛，似睡非睡，忽然耳邊響起動人的歌聲。驢子睜開雙眼，看到樹枝上停著一隻蟬，原來那美妙的歌聲是牠唱的。驢子滿意地笑笑，隨著蟬聲不由自主地抖動著耳朵。蟬每唱一聲，牠的耳朵就動一下，歌聲的節奏越快，牠的耳朵動得越快，歌聲變慢，牠的耳朵也隨著慢下來。驢子羨慕地說：「美麗的女士，我太喜歡您的歌聲了，您是不是吃了靈丹妙藥，才擁有這樣絕妙的好嗓子。」

蟬聽了這話，想了想回答道：「其實也沒什麼，要說靈丹妙藥，可能是我每天早晨都喝幾滴最純淨的露水吧！」

驢子聽了這話，如獲至寶：「原來如此，喝了露水就能唱出美妙的歌聲。從今以後我也要喝露水！」

從此，驢子除了整日趴在樹下等露水，其他的事情都不肯做了，就連黑夜降臨該回家，牠也一動也不動。主人用了各種辦法驅趕牠，可是牠就是賴著不走。主人以為驢子肯定瘋了，氣呼呼地丟下牠自己回家。

驢子專心地等候露水，可是等了一天又一天，牠一滴露水也沒有喝到，

反而被活活餓死了。

　　驢子之所以不能像蟬一樣唱歌，原因是生物的個體存在差異性。

　　對有性生殖的物種來說，親代與子代之間都會有差異，這是由於有性生殖產生生殖細胞的減數分裂過程中，基因發生了變化，就是重新的組合。這種基因的重新組合會造成非同源染色體之間的自由組合。而在現實的生活中不光是基因在影響著人的個體差異，環境因素也會影響生物個體的成長與發展，進而使得基因型完全相同的兩個生物體在表現型上也可能會有較大差距，這樣就會有個體差異的出現。

　　還有一個造成個體差異的重要的原因就是變異。變異的種類也是多種多樣的，方向更加不確定。在生物學歷史上，變異並不是一個多發的現象，但是現實中生物世界是一個複雜而又千變萬化的世界，一次基因的變異也是不可以小看的，誘發基因變異的原因多種，這種基因的突變就會在一定程度上形成個體的差異。

小知識：

呂光洋，台灣生物學界重要學者，在兩棲類發現及鑑定出台灣生物的新物種，如諸羅樹蛙、橙腹樹蛙、翡翠樹蛙。為台灣兩生爬行動物進行多項研究，獲得相關學者敬重，1998年太田英利、陳賜隆、向高世等學者發表了新物種呂氏攀蜥時，將「呂」拉丁化（luei）後放入種名內，以紀念呂光洋教授的對台灣生物研究上貢獻，成為了首次台灣研究人員的姓氏出現在兩生爬行動物的學名上。
現任國立台灣師範大學生物學系教授。

第**2**篇

生命不斷進化，生物學不斷發展

——生物學理論詳解

從蜘蛛結網學會綠苔解毒
屬於生物學研究的描述觀察法

在自然條件下，對客觀物件有目的、有計畫地進行觀察，蒐集、分析事物的特點，以此獲得的感性資料，並且對此感性資料加以描述的方法，被稱為描述觀察法。這種方法是生物科學研究最基本的方法，包括人的肉眼觀察及放大鏡、顯微鏡觀察。

這天，華佗和徒弟吳普前去行醫，途中，他們看到一位女子趴在路邊痛哭不止。看到此情形，華佗立即想到她可能病了，就上前詢問。一看之下，他大吃一驚，這位女子並非生病，而是被路旁的馬蜂蟄了，整個臉部都紅腫了，樣子十分駭人。

吳普忙問：「師父，這該怎麼辦？咱們沒有帶治療蜂毒的藥啊！」

華佗想了想，看著不遠處的一所茅房說：「你到那後邊陰暗的地方去尋些綠苔來。」

「綠苔？」吳普不解，可是也來不及多問，便遵照華佗的吩咐去做。

不一會兒，吳普捧著一大把綠苔回來了。華佗也不說話，抓起綠苔揉碎，然後輕輕敷在那位女子的臉上。說也奇怪，一敷上，女子就說：「好涼爽，不痛了。」

華佗囑咐她，以後天天用綠苔敷臉部。女子按照華佗叮囑敷藥，幾天後蜂毒完全消退，病情好轉了。

這件事讓吳普感到很好奇，他不明白綠苔為何能治療蜂毒？於是華佗對他講述自己發現綠苔治療蜂毒的經過。

有一年夏天，華佗在巷口納涼，看到蜘蛛在巷口結網，忽然空中飛來一

隻大馬蜂,停在蜘蛛網上。蜘蛛連忙爬過去,伏到馬蜂身上。不料,馬蜂不肯束手就擒,當場回敬了蜘蛛一下——螫得蜘蛛縮成一團,肚皮立即腫了起來。見此情景,華佗心想,人被馬蜂螫一下都疼痛難忍,一隻小小的蜘蛛,會不會因此喪命?就在他思索間,卻見蜘蛛從網上跌下來,落在潮濕的綠苔上打了幾個滾,把肚皮在綠苔上擦了幾下,肚皮竟然消腫了。

神醫華佗為關公刮骨療毒。

　　華佗好生奇怪,更加專注地觀察起蜘蛛來。消毒之後,牠重新爬上網,還要吃馬蜂。馬蜂再次施毒,又螫了蜘蛛一下。蜘蛛又一次跌下網,爬到了綠苔上,還是滾幾下,擦了擦。隨後,再爬上網跟馬蜂鬥。這樣上下往返了三、四次,馬蜂最終無力抵擋蜘蛛的進攻,成為牠的口中美味。一直關注牠們爭鬥的華佗恍然明白,馬蜂毒屬火,綠苔屬水,水能剋火,所以綠苔能治蜂毒。

　　於是,華佗就據此推想出了用綠苔治蜂毒的方法。

　　從蜘蛛鬥馬蜂學會綠苔解毒,實際上是向人們描述觀察法在生物學研究中的有效的利用。生物學有很多種研究方法,其中最常用的方法有觀察描述的方法、比較的方法和實驗的方法,在生物學的研究史上,這些方法依次興起,並且這些研究方法都在一定的時期對當時的生物學研究產生了巨大的作

用。一直到現在這些方法經過一定的發展與進步依然為生物學的研究有著重要的作用。

在自然條件下，對客觀對象有目的、有計畫地進行觀察，蒐集、分析事物的特點，以此獲得的資料，並且對此資料加以描述的方法，被稱為描述觀察法。這種方法是生物科學研究最基本的方法，也是從客觀世界獲得原始的第一手資料的方法。觀察包括人的肉眼觀察及放大鏡、顯微鏡觀察，這種觀察結果必須是可以重複的。

觀察這一重要的活動進行之後當然就是到描述的階段了，沒有描述的話，觀察這項活動也就沒有了意義。

要明確地鑑別不同物種就必須用統一的、規範的術語為物種命名，這又需要對各式各樣形態的器官做細緻的分類，並制訂規範的術語為器官命名。這一繁重的術語制訂工作，主要是林奈完成的。人們使用這些比較精確的描述方法蒐集了大量動、植物分類學資料及形態學和解剖學的資料。生物分類學者又對其進行鑑別、整理，進而使得描述觀察的方法獲得巨大發展。

小知識：

艾弗里（西元1877年～西元1955年），加拿大生物學家。1944年，他與同事研究了肺炎球菌S菌株浸出物，證實這種因子是純粹的去氧核糖核酸（DNA），並不存在蛋白質。這是一個關鍵性發展，在此以前，一直認為蛋白質是遺傳學的基礎，而DNA只是蛋白質的一種不怎麼重要的附屬品。現在看來DNA才是真正的遺傳學基礎。這個發現直接導致了對DNA的新鑽研，使克里克和沃森發現了它的結構及其複製方式。

相隔百年的光合作用 實驗凸顯實驗的重要性

實驗法是生物學家們對將要研究對象的一些條件進行人為的控制，進而有利於研究的繼續進行，然後得出重要的研究成果。實驗的方法是自然科學研究中最重要的方法之一，很多的生物學家都利用實驗法來獲得一些科學的理論。

人類對自然界的種種現象都非常好奇，我們現在所知道的各種自然界知識，都是經過了很多前輩的反覆實驗驗證的。例如光合作用，就是經過了很長時間的探究，人類才發現了這個奧秘。

1727年，牧師黑爾斯曾在他的書中寫道：「植物體在生長的過程中，所形成並累積的固體物質，是植物的葉子從空氣中吸收的養分變化而來的。」他的這一句話，開啟了人類研究植物與空氣關係的第一步。

四十年後，一位英國牧師和一個化學家開始了他們的研究，他們認為，自然界中有「好空氣」和「壞空氣」之分。為了驗證這個理論的真實性，他們進行了一個實驗。這個實驗的步驟是：把兩隻老鼠分別放到兩個鐘罩下，一個鐘罩下面放了一盆生長茂密的植物，一個沒有放。實驗的結果顯示，有植物的鐘罩下面的老鼠依然正常活動，持續活了好幾天。而那個沒有植物的鐘罩下面的老鼠，很快就死去了。於是，他們得出這樣一個結論：當老鼠被隔絕空氣時，植物可以提供一種物質，可以繼續維持老鼠的生命。

緊接著，他們又做了另一個實驗，實驗的步驟是：把兩根燃燒正旺的蠟燭分別放到了兩個相同的鐘罩下，一個鐘罩下放了一株旺盛的薄荷，另一個什麼也沒有放。結果，放薄荷的鐘罩下面的蠟燭燃燒了很久，而那個沒有放

薄荷的鐘罩下面的蠟燭，不久便熄滅了。他們為此得到了一個結論：植物能夠把壞的空氣變成好的空氣，而動物的呼吸和蠟燭的燃燒則將好空氣變成壞空氣。可是有的研究者在驗證他們的結論時，得到的卻是相反的結論。

1779年，一位荷蘭的醫生也設計了一個實驗，他的實驗步驟是：用漏斗把一株新鮮的水草倒扣在一個裝滿水的大燒杯裡，然後又把一個裝滿水的試管罩在漏斗頸部一端的開口上，這些做法都是要求隔絕空氣，呈現密封狀態。然後讓實驗組A中的水草進行光照，不給實驗組B中的水草進行光照。

A株水草接受光照後，試管不久出現了氣體，他把試管拿下，把一個正燃燒的蠟燭放在氣體旁，只聽見「砰」的一聲，蠟燭的火焰竄的超高。那時，化學知識都已經證明氧氣助燃的現象，說明氣體有可能是氧氣。而對照B組，很長時間都沒有出現氣體。但他沒有急於下結論，又用了各種的植物做了500多次實驗，之後公布了實驗結果：在光照下，植物會把壞的空氣變成好的空氣，沒有光的時候，則相反。

正如我們現在知道的，這個好空氣是氧氣，壞空氣是二氧化碳。

光合作用是植物學界的一個普遍研究的對象，而一個相隔百年的光合作用的實驗卻告訴了人們實驗法在生物學研究中的重要的作用。二十紀的前半葉，分析生命活動的基本規律成為生物學上一個重要的研究課題，在這一時期生物學研究的主要手法當然就是實驗法。1900年，三位生物學家重新發現了孟德爾的兩大遺傳規律，這也是得益於當時實驗法的發展。所以，當時的生物學家們都十分重視實驗法在生物學研究中的應用。

我們研究中常用的觀察和描述的方法只是對自然發生的現象進行的一種客觀的描述，而實驗法卻是生物學家們對將要研究對象的一些條件進行人為地控制，進而有利於研究的繼續進行，然後得出重要的研究成果。

實驗的方法是自然科學研究中最重要的方法之一。很多的生物學家都利用實驗法來獲得一些科學的理論。例如，十七世紀前後英國生理學家W‧哈

維關於血液循環的實驗就是一個典型的利用實驗法獲得的研究成果。但是在當時實驗法還沒有受到生物學家們的廣泛重視，很多人都認為用實驗的方法研究生物學只能有很小的作用。

到了十九世紀，物理學、化學都得到快速的發展，進而為生物學的發展奠定了良好的基礎。從此，生物研究的實驗法開始慢慢發展起來，十九世紀八〇年代，胚胎學、細胞學和遺傳學等學科也應用了實驗方法。到了二十世紀三〇年代，生物學的實驗法得到快速的發展，極大多數的生物學研究領域都應用了這個方法並且取得了很大的成就。

十九世紀以來，實驗方法漸漸成為生物學主要的研究方法，進而使生物學發生巨大變化，也推動了生物學研究的快速發展。

小知識：

施萊登（西元1804年～西元1881年），德國植物學家，細胞學說的創始人之一。他根據多年在顯微鏡下觀察植物組織結構的結果，認為在任何植物體中，細胞是結構的基本成分；低等植物由單個細胞構成，高等植物則由許多細胞組成。1838年，他發表了著名的《植物發生論》一文，提出了上述觀點。

猴「員警」以德服猴
表現控制論原則

控制論是研究動物（包括人類）和機器內部的控制與通信的一般規律的科學。由資訊理論、自動控制系統的理論和自動快速電腦的理論組成。

在美國耶基斯國家靈長類動物研究中心生活著一群豚尾猴，這群猴子共有84隻，其中45隻成年猴。牠們構成一個小小的社會團體，每日秩序井然地一起吃、喝、玩、樂，十分和諧。

研究員弗萊克和同事們在觀察這群豚尾猴時，發現牠們能夠「和平共處」，得益於群猴中的猴「員警」。猴「員警」共有四隻，三隻雄性，一隻雌性，牠們就像人類社會裡的員警，負責維護社會秩序，調解猴子之間的糾紛。

為了確認「猴員警」的作用和地位，弗萊克和同事們把三名猴員警「請出」了猴群，結果不到十個小時，問題出現了，猴群變得混亂無序，猴子們之間衝突不斷，生活變成一團亂。

在進一步觀察中，弗萊克和同事們瞭解到猴員警是級別較高的猴子，牠們不像人們想像中的那樣依靠武力或者暴力手法謀取權力，搶佔地盤，壓迫和管制群猴，牠們是透過「選舉」上任的，而且工作起來恩威並施，以大公無私的方法，公平地處理下級猴子們之間的衝突和爭鬥。

說起猴子社會的選舉，真是有趣，過程非常公平，還有「投票」和「任命」兩道程序。選舉前，一般先選定候選猴子，大多是體型較大者；然後其他猴子開始「投票」。當一隻猴子向著某位候選猴子齜一齜牙時，表示投了

牠的票。這個典型的投票動作是說：「我同意，由你出任員警。」有趣的投票活動結束，「猴員警」就可以走馬上任。

　　既然榮任員警，自然要擔當起應負的責任，「猴員警」每天需要處理不少事物，當然最重要的就是解決猴子之間的爭鬥。如果兩隻猴子發生了爭執，「猴員警」就要勇敢地站到牠們中間，把牠們隔開，還要進行思想教育工作，直到牠們表示和解，不再鬧彆扭為止。

　　猴「警官」以德服猴也是一種控制論的表現，在生物學中控制論是一種十分重要的理論。它是研究動物（包括人類）和機器內部的控制與通信的一般規律的科學。也可以是指一種如何讓主體在動態系統保持平衡狀態或穩定狀態的科學。

　　「控制論」最先是來自於希臘的辭彙，本意是掌舵的方法和技術，引申出來的意思也可以是指如何管理人的一種藝術。控制論是一個極其廣泛的理論，它可以包括自然科學領域，也可以包含社會科學領域。在控制論中，控制的是一種資訊，透過控制資訊而使得某些被控制對象的功能實現改善，這個過程就是一種控制的過程。

　　控制論是由資訊理論、自動控制系統的理論和自動快速電腦的理論組成

的。它有四個主要的特徵：

第一，就是主體要擁有一個穩定的或者說是一種平衡的狀態。

第二，要有控制論的基礎存在，也就是要有資訊的傳遞。

第三，具有改善主體的方法、工具或者是手法。

第四，這種系統內部會有一個自動調節的機制存在，進而保證自身的穩定。

控制論也為其他領域的科學研究提供了一個重要的研究方法，它是一種典型的控制系統。管理系統中的控制過程是透過資訊回饋來揭示成效與標準之間的差別，進而採取糾正措施，進而使整個系統得到優化，這種管理系統中存在的控制也可以說是一種控制論。

小知識：

施旺（西元1810年～西元1882年），德國生理學家，細胞學說的創立者之一，普遍被認為是現代組織學（研究動、植物組織結構）的創始人。他最為人紀念的功績也是最重要的著作是《顯微鏡研究》，即《關於動、植物的結構和生長的一致性的顯微研究》一書。書中第一次系統地闡述了現代生物學所有觀點中最重要的觀點：動物和植物都是由細胞構成的。

酷愛昆蟲攝影
是臺灣學者李淳陽愛觀察的結果

觀察法是生物科學研究最基本、最普遍的方法，是生物科學研究蒐
集資料的基本途徑，也是其他研究方法的基礎。它是發現問題、提
出問題的前提，是產生理論假設的手法。

昆蟲和人是一樣的，有生命、有思想、有智慧、有感情，這是李淳陽多
年潛心研究昆蟲，觀察昆蟲的生活以及生命的軌跡之後，在他八十歲的時候
發出的一番感慨。

李淳陽的父親是一位很有名望的商人，家庭條件的優越使李淳陽走進了
當時大多為日本人就讀的南靖國民小學，小時候李淳陽非常喜歡觀察昆蟲，
他家二樓的陽臺上有一盞燈，當燈亮起時，那些小飛蛾便爭先恐後的飛入燈
罩裡去，結果都被高溫一一燙死在裡面。

「這些飛蛾簡直是太愚蠢了，可是後來的飛蛾依舊往裡面飛，這到底是
為什麼呢？」李淳陽疑惑地想道。

九歲那年，父親送給了李淳陽一套攝影器材，有了這套器材，李淳陽就
更方便觀察昆蟲。不久，他便學會了攝影技術，並經常帶著這套器材對昆蟲
進行拍攝。對昆蟲的喜愛讓李淳陽接觸到法布林所著的《昆蟲記》，決心一
生與昆蟲相伴的想法就從那時開始萌芽的。

由於臺北帝國大學農林專門部不收來自本島的學生，在家人的勸說和父
親的鼓勵下，李淳陽考取了東京農業大學並選擇了農學科，在這裡，他主要
研究植物的病毒。

李淳陽的學習與研究工作並不是十分的順利，從日本人偷襲珍珠港，他

跟母親一起離開日本，到不滿政府的行為而從臺灣總督府農業試驗所辭職，李淳陽的事業經歷了一連串的波折。時隔幾年以後，李淳陽在一個偶然的機會裡重返農業試驗所工作，後又被推薦到美國做專業的學習和考察。多年的心血並沒有白費，終於在1961年，他在《經濟昆蟲學期刊》發表了有關農藥安特靈具有滲透移行性的論文，並因此獲得博士學位，此後他又發現另外一種農藥BGH也有相同的性質。

除此之外，李淳陽同樣在昆蟲攝影方面取得了傲人的成績，他歷時八年，拍攝了一部昆蟲生態影片，並且在知名度很高的英國國家廣播公司BBC播出。他也因此立刻變成了臺灣家喻戶曉的人物，所有看過此片的人無不為裡面細膩生動而又真實的情節讚嘆不已。

李淳陽酷愛昆蟲攝影，是生物研究的一種細緻的觀察方法之一。在生物學實驗中最基本的方法就是觀察法，觀察法既然是在自然條件下，對客觀對象有目的、有計畫地觀察，並蒐集、分析事物資料的一種方法，那麼觀察法也一定要講究科學，要科學觀察。

在生物學的研究中，科學觀察的基本要求就是客觀地反映可以觀察到的事物，並且觀察完之後還可以進行檢驗，觀察結果必須是可以重複的，因為只有可重複的結果才是可檢驗的，進而才是可靠的結果。所以在實驗中不管是什麼觀察都要重視觀察的順序和對觀察結果的記錄，這樣才能成為一種科學意義上的觀察。

觀察法是生物科學研究蒐集資料的基本途徑，是其他研究方法的基礎，它是發現問題、提出問題的前提，是產生理論假設的手法。例如，在進行細胞理論研究時，首先就需要利用觀察法來觀察一下細胞的結構特徵，這是進行細胞研究的基礎，也是獲得真實資料的一個最重要途徑。

還有很重要的一點就是觀察紀錄必須是真實的，不能隨意修改。特別是那些與預期效果不同的實驗效果，更加要求實驗者要如實記載，並且還要向

別人聲明這個結果是經過很多次的觀察實驗才得出來的結果，因此一定要重視它的科學價值。

李淳陽（1922年5月29日～）出生於日治時期台灣台南州嘉義郡水上庄（今嘉義縣水上鄉）南靖，為一位昆蟲學家兼攝影家。有「台灣法布爾」之稱。李淳陽最為人認識的是他對狩獵蜂的行為研究。他設計一系列的實驗，觀察狩獵蜂獵食、築巢、產卵時的行為會否隨外在因素改變。他認為昆蟲的行為並非如法布爾所說完全基於本能，而是具有一定的思考能力。

從望梅止渴到巴夫洛夫的
生理學實驗

生理學是建立在實驗和觀察的基礎上，這就充分證明生理學實驗在
生理學研究中的重要性。透過實驗能夠使研究者逐步掌握生理學實
驗基本操作技術，瞭解生理學實驗設計的基本原則，進一步瞭解和
獲得生理學知識，進而能夠驗證和鞏固生理學。

曹操是個了不起的軍事家，也是個了不起的心理學家。有一首詩曾讚
道：「隨鞭一指生梅林，便使萬軍不唇乾。無中生有智者策，用兵奇謀眾口
傳。紙上一事難學會，因勢利導不簡單。若無隨機應變心，讀盡兵書也枉
然。」

曹操生在一個官宦之家，年輕時候性格放浪，處事隨意，不求上進，不
愛讀書，當時他身邊的人都覺得他是個紈絝子弟，將來不會有大出息，家人
也認為，只要他日後不給家族蒙羞，就足夠了。

梁國的橋玄卻不這麼想，他是世界上第一個看出曹操有過人才能的，他
常對年輕的曹操說：「天下就要大亂了，非得出現一個曠世奇才才能將天下
穩住，而你就是這樣一個人！」

說的次數多了，曹操也開始對自己充滿信心。這在心理學上叫做「暗
示」，我們有理由相信，曹操的心理暗示本領也許師承橋玄。

關於暗示，曹操最為人稱道的，莫過於「望梅止渴」。那是在一次孤獨
的行軍中，部隊走在一片無人荒漠上，烈日當頭，士兵們都叫苦不已，紛紛
叫嚷口渴。

副將看不下去，就向曹操報告說，士兵們因為飢渴，已經堅持不住，詢

問他是否應該停下腳步或者退兵。

曹操自己也是口渴難忍，但此時退兵無異於前功盡棄。他調轉馬頭，向身後的士兵大聲宣布：「此路我曾經走過，我記得前面有片茂盛的梅子林，那裡的梅子又大又甜，大家只要再堅持一下，就可以解決口渴的問題了！」

梅子林！士兵們瞬間兩眼發光，光靠想像，那梅子的酸甜味道就似乎蔓延在每顆牙齒的深處，喉嚨頓時覺得清爽許多，腳下的速度也不自覺地加快。

故事說到這裡，士兵有沒有吃到梅子，已經不是那麼重要。曹操也許不懂心理學上的「聯覺」——由一種感覺引起另一種感覺的心理現象，但他卻成功地運用了這個知識，將士兵們的聽覺和味覺很巧妙地聯結在一起。

生理學無冕之王——巴夫洛夫透過長期實驗發現人和動物一樣，有一種非常奇特的現象，他把這種現象稱為「條件反射」。巴夫洛夫利用動物進行實驗，他在狗的臉頰上切開一個小口，將唾液腺分泌出來的唾液引到掛在臉頰上的漏斗中，漏斗下面放著實驗用的量杯。

巴夫洛夫在給狗餵食之前，總是先打開燈，因為燈光和食物沒有任何關聯，狗沒有什麼反應，唾液也沒分泌出來。巴夫洛夫將食物拿了出來，狗立刻分泌唾液，經過多次反覆練習，每次餵食前總要打開燈，一個奇特的現象出現了：只要打開燈，即使不餵狗食物，牠也會分泌唾液。巴夫洛夫將這種現象稱為「條件反射」。

望梅止渴是一個人盡皆知的小故事，從望梅止渴到巴夫洛夫的生理學實驗都向生物學家們展示了生理學實驗在生物學研究上發揮的重大作用。

生理學是一門實驗性的科學，它之所以能夠成為一門獨立的學科應該歸功於十七世紀的英國著名醫生威廉·哈維對動物體進行研究時，採用了活體解剖法和動物實驗法，得出血液循環的正確結論，並於1628年出版了《心血運動論》。這是對生理學實驗的重要性的最好驗證。因此，國內外生理學家

無不重視生理學實驗，因為一個只能記憶生理學概念而不會動手的人，是不可能對實驗性學科做出貢獻的。

在生理學實驗的過程中要注重實驗的要求、實驗的方法與步驟和實驗的項目以及內容，在實驗中要提高實驗的效率，還要把生理學的理論與實驗相結合。生理學實驗做為一種生物學重要的研究手法，在如今生物學的研究上發揮著重要、不可替代的作用，相信在生物科學日益發展的前提下，生理學實驗會取得更加輝煌的成就。

小知識：

海克爾（西元1834年～西元1919年），德國博物學家，達爾文進化論的捍衛者和傳播者。1899年，他出版了《宇宙之謎》一書，書中不但對十九世紀自然科學的巨大成就，特別是生物進化論做了清晰的敘述，而且根據當時的科學水準，對宇宙、地球、生命、物種、人類及其意識的起源和發展，進行了認真的探索，力求用自然科學提供的事實，為人們勾勒出一幅唯物主義的世界圖景。

DNA的發現
離不開模型試驗的作用

模型試驗是邏輯方法中的一種形式，它可以用原型的一種模擬形態
來研究原型的一些形態、特徵和本質。

羅莎琳・法蘭克林是美國女醫學家，她在研究去氧核糖核酸（DNA）的
實驗中，第一個為它的螺旋體結構形態做了科學的設想。1952年3月18日，
她經過多個日日日夜夜的努力，終於完成了關於這一成果的論文，將論文列
印稿送交發表。沒想到第二天，從英國劍橋大學就傳出了華生和克里克也在
這一研究中取得成功的消息。

華生和克里克曾與法蘭克林進行過學術交流，討論的正是螺旋體結構形
態問題。為此，不少人為法蘭克林打抱不平，認為華生和克里克竊盜了她的
研究成果，很多人支持她「不能退縮，應該堅持自己的成果，堅決與華生等
人一爭高下。」

可是，法蘭克林並沒有這麼做，她既沒有懊惱，也沒有做出過激舉動，
而是悄悄撤回了自己的論文，並寫了一篇文章寄給華生和克里克，祝賀他們
獲得成功。不僅如此，她還出人意料地為他們提供了一些資料和處理資訊，
這些寶貴的資料對華生和克里克非常重要，為他們日後獲得諾貝爾生理學或
醫學獎鋪平了道路。

法蘭克林這個舉動，贏得了大多數人的尊重，包括華生和克里克，他們
沒有獨佔這一偉大的科研成果，在談到這一成果時，總是忘不了為法蘭克林
記上一功。很可惜，法蘭克林不久後就因病去世了，由於諾貝爾獎不頒發給
已故的科學家，故而法蘭克林並沒有享受到這一至高無上的榮譽。

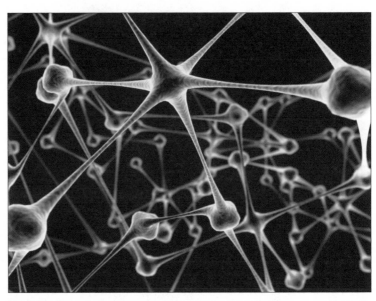

　　DNA的發現無疑是生物學歷史上一個偉大的里程碑，這個偉大的發現當然離不開模型試驗這個重要的生物學研究手法。生物模型試驗的方法在生物學研究中有著廣泛的應用價值。

　　模型試驗是邏輯方法中的一種形式，它可以用原型的一種模擬形態來研究原型的一些形態、特徵和本質。生理學是建立在實驗和觀察的基礎上，這就充分證明生理學實驗在生理學研究中的重要性。透過實驗能夠使研究者逐步掌握生理學實驗基本操作技術，瞭解生理學實驗設計的基本原則，進一步瞭解和獲得生理學知識，進而能夠驗證和鞏固生理學。

　　模擬實驗是一種比原型實驗要高級和簡潔的研究手法，因為在類比實驗中可以捨棄一些阻礙研究的因素，進而使研究更加順利地進行，這種方法不僅能夠把握好原型的各種複雜的結構、功能和聯繫，還可以把理論和應用聯結得很好。

　　根據模型實驗中模型所代表和反映的方式可以分為三大類：物質模型方法、想像模型方法、數學模型方法。

　　運用資訊技術進行模型實驗的方法，可以更加充分、有效地發揮模型方法功能。透過電腦能夠設計模型實驗找出實驗現象的主要特徵及產生這些現象的條件，進而使模型實驗得到更好的效果，再加上現在資訊技術十分發達，應用資訊技術可為生物模型方法帶來空前的革命，從研究遠古時代的無生命生物到現在複雜多變的生物體都可以透過電腦進行類比實驗來實現。

　　模型試驗傳統的手法再加上現代的資訊技術和電腦的發展相結合，進而使模擬實驗得到更好的發展。

　　模型試驗方法，做為一種現代科學認知手法和思維方法，所提供的觀念和印象，不僅是生物學者獲得生物學資訊的重要方式，而且是生物學者認知結構的重要組成部分。

小知識：

　　法蘭克林（西元1920年～西元1958年），英國女生物學家。她是最早認定DNA具有雙螺旋結構的科學家，並且運用X光線衍射技術拍攝到了清晰而優美的DNA照片，為探明其結構提供了重要依據，她還精確地計算出DNA分子內部結構的軸向與距離。因為諾貝爾獎不授予已逝世的科學家，法蘭克林未能獲得諾貝爾生理學或醫學獎。

一巴掌拍下去
拍出偉大的羅伯特理論

羅伯特理論的具體內容就是：蒼蠅的翅膀是蒼蠅獲得外部聲音的途徑。後來羅伯特針對這項結論又進行了系統的研究和實驗，最終他發現蒼蠅的翅膀和聲音的頻率有著十分密切的關係，因此他得出了一個結論：蒼蠅的翅膀等同於人的耳膜所發揮的作用。

生物學家羅伯特正在實驗室操作一系列的實驗，突然一隻蒼蠅飛到實驗桌上，四處爬動，干擾羅伯特的實驗，心煩意亂的羅伯特下意識揮手驅趕令人討厭的蒼蠅，受到驚嚇的蒼蠅拍打著翅膀飛走了。

這時羅伯特注意到自己在距離蒼蠅所在地不足五十公分的地方揮手，才能驚擾到蒼蠅，嚇得牠飛走。蒼蠅如此靈活的動作和敏銳的觸覺頓時引起了羅伯特極大的興趣，隨後，他在記事本上記錄下自己的疑問：「蒼蠅怎麼會有如此敏銳的觸覺？牠靠什麼來感應外界的波動呢？」

羅伯特為了證實自己的推斷，他抓住幾隻蒼蠅，分別對牠們進行一系列小手術，他小心翼翼地將一隻蒼蠅的翅膀剪掉，放在桌子上，結果，無論羅伯特怎麼拍打桌面，被剪掉翅膀的蒼蠅都無動於衷。羅伯特為證明蒼蠅是靠翅膀來感應外界波動這一論點，他又進行了一次實驗，不同的是，他沒有把蒼蠅的翅膀剪掉，而是對蒼蠅其他部位進行一系列手術，透過這次實驗羅伯特證實了自己的推斷，蒼蠅是靠翅膀來感應外界波動的。

他還進一步研究蒼蠅的翅膀對不同頻率的聲音反應情況，從這個實驗中，他發現了蒼蠅的翅膀與聲音頻率有關係，進而得到一個結論，蒼蠅的翅膀和人類的鼓膜一樣，都有著放大聲音的作用。

生物學家羅伯特的一巴掌竟然神奇般地發現了偉大的羅伯特理論，但是當時許多生物學家是不支持這一觀點的，他們還是十分認同傳統的觀點，也就是蒼蠅應該是和人類一樣是靠耳朵這樣的器官來聽聲音的。於是他們就想找到蒼蠅的耳朵，但始終都沒有找到，這令他們十分失望，而更加令他們失望的是沒有翅膀的蒼蠅聽不到外部的任何聲音。這無疑讓他們開始懷疑自己堅持的觀點是錯誤的，也就是羅伯特的觀點是正確的，這個發現就推翻了生物學家們一直信奉的經典生物學觀點。

過去很多年，大家都十分信奉的生物學理論就是經典生物學理論，但是生物學理論只是在人類和高等動物範圍內才能夠成立，而在低等動物範圍內這種理論就派不上用場，所以這個時候就要藉助羅伯特的生物學理論。

儘管羅伯特的許多理論還是有其不足的一面，例如當時他的研究僅僅是停留在聲音學領域，對於低等動物的運動學問題就無能為力。針對這一缺點，他後來又進一步研究了低等動物的運動學問題，進而周全了他的研究。羅伯特的理論改寫了生物學的研究歷史，成為生物學史上一個偉大的成就之一，為生物學的發展乃至人類的發展做出了巨大的貢獻。

小知識：

伽伐尼（西元1737年～西元1798年），義大利醫生和動物學家。1762年，他以《骨質的形成與發展》論文獲醫學博士學位。1791年他把自己長期從事蛙腿痙攣的研究成果發表，這個新奇發現，引起科學界大為震驚。他對物理學的貢獻是發現了伽伐尼電流。

微生物學檢驗
來自偉大看門人的發明

生物學上的一個巨大的進步就是微生物學的檢驗，這是一個與現代先進的科學技術結合在一起的一個學科。微生物檢驗使用的檢驗工具就是顯微鏡，由於細菌個體微小，肉眼根本就無法看到，只能藉助於光學顯微鏡或者是電子顯微鏡來觀察。

三百多年前，在荷蘭代爾夫特市有位看門人，名叫列文虎克，一個偶然的機會他從朋友那裡聽說，荷蘭最大的城市阿姆斯特丹有許多眼鏡店，不僅出售鏡片，還磨製放大鏡。朋友神秘地對他講：「你知道嗎？用放大鏡可以

列文虎克畫像。

看清楚很小很小的東西，真是有趣極了。」列文虎克非常感興趣，他想：「我的工作這麼清閒，不如買一個放大鏡回來，試試到底有多神奇。」

列文虎克來到了眼鏡店，可是他一打聽放大鏡的價格，當場掃興地說：「太貴了！我收入微薄，買不起啊！」他嘆口氣準備離開，卻又有些不甘心，便走到正在磨製鏡片的師傅身邊，細心地觀察起來。這一看不得了，列文虎克信心重新燃起：「看樣子

磨製鏡片也不難，我不如回去自己磨一磨試試。」

列文虎克真是一位勇於探索和實踐的人，他回去後，就開始了磨製鏡片的工作，只要一有時間，他就耐心地磨呀磨。磨製鏡片，不僅需要動手，還要結合一些科技資料，可是列文虎克沒讀過幾年書，根本不認識用拉丁文著述的科技讀物，所以他只好自己摸索。

經過多日辛苦努力，列文虎克終於磨製了一個小小的透鏡。可是這個鏡片太小了，不好用，愛動腦的列文虎克就做了一個架子，把小透鏡鑲嵌在上面，這樣看東西方便多了。

後來，列文虎克不斷改善自己的透鏡，為了更清楚地看東西，他又在鏡片下方安裝了一塊銅板，在銅板中間鑽一個小孔，這樣光線可以射進來反照在所觀察的東西上。列文虎克當然沒有想到，這將是他發明的第一部顯微鏡，放大能力超過了當時所有的顯微鏡。

列文虎克十分珍愛自己親手製作的顯微鏡，用它觀察各式各樣的東西。他把自己的手指伸到鏡片下，看清楚了粗糙皮膚的紋路；他把小蜜蜂放到顯微鏡下，看到蜜蜂身上細細的短毛，竟然像鋼針一樣挺立；他還抓來各種小動物，蚊子、螞蟻、甲蟲，觀察牠們的身體以及各個部位，當他看到放大的景象時，覺得奇妙極了。

顯微鏡下奇妙的世界迷住了列文虎克，漸漸地，他開始有了新的想法：「如果有一個更大、更好的鏡片，一定可以看到更細微的地方，看到更神奇的東西。」列文虎克開始磨製新鏡片，這次他更加認真，還辭去職務，把家裡一間空房改做實驗室，全心地投入到製作顯微鏡的工作中。

幾年過去了，列文虎克製成的顯微鏡越來越多，越來越精巧和完美，已經能夠把細小的東西放大到2、3百倍！

說起來有意思，列文虎克製作顯微鏡的工作是秘密進行的，他把自己關在實驗室裡，不讓外人進來，也不讓他們參觀自己的顯微鏡。從早到晚，他總是一個人默默的磨製著鏡片，或者觀察著感興趣的東西。他在顯微鏡下，

發現了一個神秘的新世界，獲得了許多新知識。在乾草浸泡液中，他發現了許許多多小生靈，這些小生靈是那麼微小，卻具有著鮮活的生命，列文虎克稱它們為「微動物」。

這時，有一個人幸運地成為列文虎克的好友，並有幸看到了顯微鏡。這個人是位名醫，名叫格拉夫，他專程拜訪列文虎克，當他觀察了列文虎克的顯微鏡後，嚴肅地說：「朋友，你做了件了不起的事情。你知道嗎？你這是偉大的發明。你不能這麼保密下去了，應該把顯微鏡和觀察紀錄送到英國皇家學會去。」

列文虎克有些遲疑，他抱起顯微鏡說：「連顯微鏡也送去嗎？」在他心裡，顯微鏡是自己的心血結晶，是個人財富，他從來沒有想到要把它公開。

格拉夫說：「朋友，你必須向世界公開你的成果，這是我們人類的新發現，誰也侵佔不了它。」

列文虎克終於明白了格拉夫的意思，也明白了顯微鏡的重要意義，他點頭同意了。

英國皇家學會收到列文虎克的顯微鏡和觀察紀錄後，經過多方核查和驗證，最終確認了他的成果。不久，列文虎克的紀錄被翻譯成英文，在全世界引起轟動。從此，顯微鏡打開了微生物學研究的大門。

生物學上的一個巨大的進步包括微生物學的檢驗，而這種微生物學的檢驗不為人知的卻是它的發現要歸功於偉大的看門人的發明。

隨著生物科學技術的不斷向前發展，醫學科學技術也在不斷發展，在這個前提下，醫學微生物檢驗技術獲得了長足的發展，臨床微生物學現在已經有很多新的技術和方法，研究也已經深入到了細胞、分子和基因水準。微生物學檢驗方法的出現無疑十分有利於臨床醫學的發展，利用微生物學的檢驗技術能夠更加迅速而又準確地對一些微生物引起的疾病進行調查和研究，進而得出治療的正確方法，這樣就能夠促進某些疾病治癒率的提高。因此不管

是對於生物學還是醫學，微生物學檢驗技術的發展都是一件值得欣喜的事情。

　　微生物學檢驗是一個與現代先進的科學技術結合在一起的一個學科，因為微生物檢驗必定要用到先進的檢驗工具，就是顯微鏡的觀察。由於細菌個體微小，肉眼根本就無法看到，因此就要藉助於光學顯微鏡或者是電子顯微鏡來觀察。常用顯微鏡有：普通光學顯微鏡、暗視野顯微鏡、相差顯微鏡、螢光顯微鏡、電子顯微鏡。利用這些先進的觀察工具能夠給生物學的研究提供更加真實的資訊，進而促進了生物學和臨床醫學的發展和進步。

小知識：

　　薩姆納（西元1887年～西元1955年），美國生物化學家。1926年，他成功地分離出一種脲酶活性很強的蛋白質，這是生物化學史上首次得到的結晶酶，也是首次直接證明酶是蛋白質，推動了酶學的發展。由於脲酶和其他酶的研究，他於1946年獲得諾貝爾化學獎。主要著作有《生物化學教本》、《酶的化學和方法》（與G‧F‧薩默斯合著）、《酶-化學及其作用機制》（與K‧邁爾巴克共同主編）等，後兩種已被譯成俄文等其他文字。

愛睡覺的松樹
闡明細胞學說

細胞學說的內容：生物是由細胞和細胞的產物所構成；每一個細胞的結構和功能基本相似；細胞有分裂的功能，進而不斷產生新的細胞；細胞是生命體最基本的單位；細胞的活動能夠反映生物體的活動；所有的疾病都是因為各式各樣的細胞的機能失常；所有的細胞在一起組成一個統一而又不可分割的整體。

山坡上長著兩棵樹，一棵蘋果樹，一棵松樹。他們是從小就生長在一起，關係非常的親密。長大後，他們發現各自有很多不同的地方。

春天的時候，蘋果樹就會開出非常漂亮的花朵，而松樹一年四季都長著綠綠地如針一般的葉子。蘋果樹看著自己漂亮的花朵，驕傲地對松樹說：「你看我的花多麼美麗啊！你為什麼就不開花啊？」

松樹聽到後，有點傷心。可是，他慢慢地閉上了眼睛，睡著了。因為他知道，他和蘋果樹是不一樣，他這樣的生長速度可以幫他度過惡劣的環境。

夏天到了，蘋果花兒凋零了，樹上結滿了蘋果。蘋果樹非常高興，她想和松樹分享她的快樂。當蘋果樹終於把松樹叫醒後，松樹笑著說：「妳身上的蘋果真好看，妳真了不起！」說完後，他又繼續著他的長眠生活。蘋果樹覺得松樹可能是生自己的氣，於是拼命道歉，可是松樹像睡死一般，怎麼也叫不醒了。

秋天來臨了，蘋果樹上的蘋果都掉光了，身上的葉子也逐漸凋落了。因為她抵抗不了寒冷的秋風，只好丟掉身上的果實，脫掉身上的葉子，也只有這樣她才能儲存足夠的能量，為下一年春天的「復活」做準備。她看到身旁

的松樹，在寒風中葉子依然綠油油的，並且在向她微笑，可是她只能虛弱地沉睡下去。

一場大雪過後，厚厚的積雪為蘋果樹蓋上了棉被，她醒來抬頭看了一眼松樹，他的葉子還是綠綠地，在雪的襯托下格外的漂亮。

到了下一年的春天，蘋果樹開始發芽了。她在這個冬天裡想了很多，對松樹和自己有了新的認識，她對松樹說：「你可以忍受那麼寒冷的氣候，一年四季你的葉子都是綠綠的，你真的很了不起。我現在都快到中年了，而你才剛剛開始。」

松樹笑著說：「我只是慢慢生長，緩緩更替，小心利用身上的能量。我的生存方式有點像動物界的烏龜，這樣我可以活的很長。」

細胞學說的建立被譽為十九世紀最重大的發現之一，而這一偉大學說的建立就像一棵愛睡覺的松樹，也是透過生物學家們長期緩慢地研究才建立起來的。

德國的生物學家施來登和生物學家施旺在1838～1839年間提出了細胞學說，這一學說直到1858年才得以完善。細胞學說的內容主要涉及以下幾個方面：生物是由細胞和細胞的產物所構成；每一個細胞的結構和功能基本相似；細胞有分裂的功能，進而不斷產生新的細胞；細胞是生命體最基本的單位；細胞的活動能夠反映生物體的活動；所有的疾病都是因為各式各樣的細胞的機能失常；所有的細胞在一起組成一個統一而又不可分割的整體。這些關於細胞的認知是生物學研究歷史上一個巨大的進步。

細胞學說的建立其實是有基礎的，1665年英國物理學家R・胡克發現細胞，從此之後生物學家們對動、植物的細胞及其內容物進行了廣泛的研究，累積了大量資料。這些資料都促進了生物學家們對細胞的深入認知，在這一背景上，施萊登在1838年提出了細胞學說的主要論點，第二年又經施旺加以充實和普遍化，創立了有歷史意義的《細胞學說》，標誌著細胞學說的正式

形成。

　　細胞學說的建立是生物學研究史上的一大進步，它的出現證明生物在結構和功能上的統一性和進化上的同源性。這一學說不僅促進了生物學的發展，還促進了唯物論的發展。

小知識：

讓-亨利・凱西米爾・法布林（西元1823年～西元1915年），法國昆蟲學家、動物行為學家、文學家，被世人稱為「昆蟲界的荷馬，昆蟲界的維吉爾」。著有《昆蟲記》，正如法國戲劇家羅斯丹所說，「法布林擁有哲學家一般的思，美術家一般的看，文學家一般的感受與抒寫。」

寵物老龜
見證達爾文的進化論

　　達爾文的進化論學說的主要內容有：在大自然中生物的生存空間和食物都是有限的，但是幾乎所有的生物都會有繁殖過剩的傾向，這就要求生物體必須要學會為了生存而爭鬥的能力，這就是「物競天擇，適者生存」的基本雛形；還有就是生物體有著變異的性能，有些生物體會透過變異來適應環境的變化，進而讓生物體朝向更高級的方向進化。

　　1835年，達爾文乘坐「獵兔犬」科考船來到加拉帕哥斯群島。這裡距離厄瓜多海岸大約950公里，是當時世界上火山最活躍的地區之一，它就像是被隔絕的天然實驗室，無數海、陸生動、植物共同生活在群島上，構成了非常寶貴又罕見的生態系統。

　　達爾文登陸群島後，立即被此地獨特又繁多的生物種類吸引，並觸發了關於進化論的靈感。他每日不停地觀察和研究，發現島上的動物與南美洲的十分接近，可是其中某些種類又有著奇特的變化。為什麼會有這些「變化」呢？達爾文深深地思考，終於確定了在自然選擇基礎上的生物進化理論。他認為是進化的作用，讓這些動物發生了奇特的變化。

　　群島上生物種類太多了，不過達爾文最為著迷的是這裡的象徵性動物：象龜。這是一種巨大的陸生龜類，當地人告訴達爾文：「當你看到一隻象龜時，就能判斷出牠從哪個島而來的。」原來加拉帕哥斯群島島嶼林立，不同島嶼的象龜形態各異。

　　達爾文深深地迷戀上了象龜，與牠們交朋友，並發現了各式各樣的象

達爾文畫像。

龜。在群島上停留一個多月後，達爾文依依不捨地準備返程回國，臨走時，他捨不得丟下象龜朋友，帶走了幾隻小龜。其中有一隻小龜只有五歲，體型不過盤子大小，達爾文為牠取名「哈里」。

哈里被帶回英國後，被發現牠不是「男孩」，因此改名叫哈里特。哈里特從此開始了自己充滿傳奇的一生。十九世紀五〇年代，英國公務員約翰‧威克姆前往澳大利亞工作，將哈里特隨身帶走了。

在澳大利亞，哈里特得到悉心照顧和養育，一天天長大了，長成與圓桌一般的模樣，體重150公斤。哈里特每天無憂無慮，從來不知道緊張和壓力，生活的非常安閒自得，不知不覺度過了170個春秋，成為澳大利亞動物園的鎮園之寶。

2005年11月15日，澳大利亞動物園決定為哈里特舉行隆重的慶生會，慶祝這位名副其實的「老壽星」。「老壽星」的慶生會也讓全世界為之心動，人們沒有忘記，170年前的今天，是偉大的達爾文將哈里特帶回英國，也是那個時候，達爾文初步確定了生物進化論思想。

達爾文的進化論學説至今都是生物學研究歷史上一個里程碑似的成就，而一隻寵物老龜的小故事也見證了達爾文的進化論。

達爾文的進化論初步形成於1858年，根源就是在倫敦林奈學會上達爾文與華萊士宣讀了關於物種起源的論文，接著在1859年達爾文出版了《物種起

源》一書，在這本書裡，達爾文有條理地闡述了他的進化學說。

　　達爾文的進化論學說的主要內容有：在大自然中生物的生存空間和食物都是有限的，但是幾乎所有的生物都會有繁殖過剩的傾向，這就要求生物體必須要學會為了生存而爭鬥的能力，這就是「物競天擇，適者生存」的基本雛形；還有就是生物體有著變異的性能，有些生物體會透過變異來適應環境的變化，進而讓生物體朝向更高級的方向進化。

　　中世紀的西方，基督教聖經把世界萬物描寫成上帝的特殊創造物，這種觀念在人們的腦海中也早已經是根深蒂固。十五世紀後半葉的文藝復興到十八世紀，是近代自然科學形成和發展的時期，這一時期有許多重要的生物學成果改變了人們腦海中對生物學的一些片面認知，直到達爾文的進化論的發現徹底顛覆了人們的觀點。

　　達爾文從生物與環境相互作用的觀點出發，認為生物的變異、遺傳和自然選擇作用能導致生物的適應性改變。由於達爾文的觀點有充分的科學事實做根據，所以能經得起時間的考驗，百餘年來對生物學界和人們的思想產生了深遠的影響。

小知識：

愛爾頓（西元1900年～西元1991年），英國動物生態學家。他創造性地研究了動物（特別是小哺乳動物）自然種群的數量變動規律，其研究成果集中反映在他所著的《田鼠、小鼠和旅鼠：種群動態問題》。著有《動物生態學》、《動物生態學與進化》、《動、植物的入侵生態學》和《動物群落的類型》等書。

腐肉生蛆
是最早進行的驗證實驗

在生物學的實驗中會有很多的情況是已經有了一個科學的結果，而擺在生物學家面前的只是需要透過實驗對這個實驗的科學性進行驗證，這種對已知結果進行驗證的實驗被稱為是驗證性的實驗。

義大利醫生雷第是一個生物愛好者。一天，他在書中看到一個很有趣的論文，上面有人說：「蛆是從腐肉中長出來的；又有人說是空氣和腐肉一起的作用產生的蛆。」還有各種千奇百怪的說法。於是他想透過自己實驗，看看到底是什麼產生了蛆，這種奇怪的物種。

他等到溫暖的季節——夏天，就開始了自己的實驗。他的實驗可以說非常簡單，不過實驗也是非常的嚴謹，而且他還是第一個運用對照實驗的人。

他的實驗步驟是：把腐爛的死蛇、牛肉、青蛙，分別同等份放到了八個廣口瓶裡，不同的是，四個瓶子蓋上蓋子，四個瓶子做為對照，沒有蓋蓋子。

幾天後，他發現敞開口的四個瓶子裡，有好多蒼蠅進進出出的。而且開口瓶子裡的腐肉和封閉口的腐肉顏色都不一樣。後來，敞口瓶裡的腐肉長出了蛆，而封口的沒有長出來。但這還是不能證明，蒼蠅

和產生蛆，有什麼必然的關聯，對照實驗還有一個不同的條件——空氣。所以，他就把封口的四個瓶子的蓋子去掉了，換成了紗布來封口。這樣一來，空氣的問題就解決了。被紗布封口的瓶子，也進不去蒼蠅，過了很久還是沒有生長出蛆來。之後他還抓蛆來養，牠們最後都變成了蒼蠅。

根據這些實驗，雷第驗證了腐肉中的蛆不是自發生產的，而是蒼蠅生的卵變出來的。

腐肉生蛆是一個大家都知道的一個生物現象，人們都知道肉類放置的時間久了之後就會慢慢腐爛，但腐肉裡的蛆，並不是由腐肉產生的。這個結果現在人人盡知，但古人卻是透過反覆實驗，才得以驗證這個事實的正確性，這種做法在生物學上就是最早的驗證性質的實驗。

驗證性的實驗需要一個已知的結論做為驗證的基礎，實驗者結合一定的實驗原理，採取合理的實驗步驟進行科學的實驗，最終保證驗證性實驗收到一個令人滿意的結果。

進行驗證實驗要注意以下幾點：

首先，要確定實驗的目的和實驗的原理。這是實驗最基本的要求，這也是保證實驗的針對性和有效性。

其次，要確定實驗進行的步驟。這是為了保證驗證實驗的規範性，進而使驗證取得更好的效果。

第三，要確定實驗需要的材料和工具。在實驗步驟基本確定之後，選擇適當的材料和工具就顯得格外重要，因為沒有適當的材料和工具是不能夠得出正確的結論的，正所謂「巧婦難為無米之炊」。

第四，預測實驗結果，驗證性實驗由於有明確的實驗目的，預測的結果應該是科學的、合理的、唯一的。不要追求面面俱到，更不要隨心所欲。

第五，要區分實驗中控制因素和可變因素，這能使實驗更加具有說服力。

第六，要進行實驗總結，結合實驗目的得出結論。結論應該是合理的、科學的、肯定的。只要遵循驗證性實驗正確的方法一定能夠得到理想的實驗效果。

小知識：

林良恭（1954年～），台灣生物學研究者，台中縣人，博士，東海大學生命科學系專任教授兼熱帶生態及生物多樣性研究中心主任、國立嘉義大學森林暨自然資源學系兼任教授，著有《台灣的蝙蝠》（合著）、《自然保護區域資源調查監測手冊》（合著）等書。

在東海大學生物學系取得學士學位（1977年），在東海大學取得生物學研究所碩士學位（1982年），在日本九州大學取得博士學位（1992年）。

1992年到1995年間在屏東縣內埔鄉國立屏東技術學院（現在的國立屏東科技大學）森林系專任教職。

1995年起在東海大學專任教職，直到現在。

偉大的勝利來自於一隻鵝頸瓶

早期生物學家們比較信奉「自然發生論」，也就是說生物可以在自然的條件下產生出新的生命來，這種新生命的誕生並不需要生物本身或者是其他生物的參與。這種觀點統治了生物學界許多年，直到巴斯德進行著名的鵝頸燒瓶實驗，才改變這一觀點。

生命起源是一個亙古未解的謎，關於生命的起源，西方流傳最為廣泛的一種說法就是生命是由上帝創造的，而在中國，則是盤古開天創造了生命，這種說法一直延續到十九世紀，伴隨著達爾文《物種起源》一書的問世，人們開始對生命起源的認知產生了質疑，並有人相繼提出了不同的意見。

「自然發生論」便是在這種背景下被法國的一個叫普歇的著名博物學家提出來的，為此他曾做過一項研究，在一個封閉的實驗室裡，把已經煮沸過的養料冷卻以後放進一個瓶子裡，不久他就發現瓶子裡開始繁衍微生物，而在這之前，被煮沸的養料由於高溫的緣故已經沒有了生命存在的可能，所有微生物都是自然發生的。

雖然他的這個發現引起了當時法國科學界和公眾的強烈迴響，但是去遭到以政府為首的保守派以及一直堅持上帝造人的天主教派的強烈反對，二者一致認為這種說法有悖於道德倫理，甚至被披上了濃重的政治色彩，說它反對宗教、反對政府，為此，法國科學院懸賞2500法郎，重獎對「自然發生論」提出新見解的人。

巴斯德既是一個虔誠的天主教徒，同時又是一個對此類學說有著濃厚興趣的人，他始終相信生命並不能夠完全自主發生，為此他仔細參考了葡萄酒發酵的過程。葡萄酒發酵的過程中會產生大量的微生物，正是這些微生物不

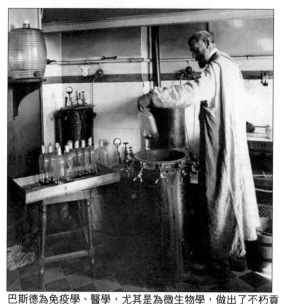

巴斯德為免疫學、醫學，尤其是為微生物學，做出了不朽貢獻，「微生物學之父」的美譽當之無愧。

斷活動才是促使葡萄酒發酵的根本所在，而這些微生物又是哪裡來的呢？

為瞭解開這個謎底，巴斯德做了一個實驗，首先他為這個實驗特製了一個瓶子，瓶子的瓶頸是橫著的，又細又長，並且還做了扭曲，其形狀像是一個躺倒的S，世人稱他的這個瓶子為「鵝頸瓶」，稱他的這個實驗為「鵝頸瓶實驗」。

第一次他把培養液裝進瓶子裡煮熟並冷卻，瓶口不做任何處理，空氣能夠自由而入，但是空氣中懸浮的微塵會在進入瓶口的時候沉澱在S底部，進而無法進入到培養液中去。經過一段時間觀察，他發現培養液裡沒有任何微生物生存的跡象。第二次，他把瓶口打斷，使空氣帶著懸浮的微塵能夠自由的進入到培養液中去，觀察結果與上次截然相反，很快培養液中就開始有微生物活動了。

透過這個實驗，巴斯德發現，培養液中微生物不會自主發生，而是要依賴於空氣中原本就有的微生物，即「孢子」，巴斯德得出的結論是「生命來源於生命」。

不過巴斯德的勝利和普歇的失敗也都不是絕對的，他們都認為無論是哪種材料經過高溫，裡面的微生物都會被殺死，其實不然，普歇所用的乾草浸液中含有的孢子在120°的高溫下根本死不了，並且在液體冷卻以後能夠復活繁衍。而巴斯德的實驗報告也做得很片面，他揭示了對自己觀點有利的部分，而忽略了絕大多數與自己觀點相悖的地方。

十九世紀六〇年代，法國微生物學家巴斯德進行的著名的鵝頸燒瓶實驗獲得了偉大的勝利。他僅僅利用兩個不一樣的瓶子的比對就得出了一個生物學界偉大的理論：非生命的物質不可能自發地產生新的生命，生物只能是源於生物。生物學界稱這種觀點為「生生論」，這種觀點推翻了自然發生論。

生物產生新的生命都是由於生物本身的作用，而不是自然而然地就產生了一個新的生物，但是在巴斯德發現這個現象之前，生物學家們不是這麼認為的，他們比較信奉的還是傳統的「自然發生論」的觀點，也就是說生物可以在自然的條件下產生出新的生命來，這種新生命的誕生並不需要生物本身或者是其他生物的參與，這種觀點統治了生物學界許多年，一直到法國微生物學家巴斯德進行著名的鵝頸燒瓶實驗。

鵝頸燒瓶實驗中兩個燒瓶其中一個是頂端開口，所以懸浮在空氣中的塵埃和微生物能夠進入，微生物在肉湯裡得到充足的營養而生長發育，進而導致了燒瓶裡的肉湯的腐敗變質，而另一個燒瓶由於瓶頸拉長彎曲，空氣中的微生物僅僅落在彎曲的瓶頸上，而不會落入肉湯中生長繁殖，所以很長時間後依然沒有變質。這一明顯的差別就說明了生物的產生肯定都是來源於生物的，沒有生命的物質是不可能自發地產生新的生命。

小知識：

廷伯根（西元1907年～西元1988年），荷蘭裔英國動物學家，現代行為生物學奠定人之一。他提出行為生物學的研究內容有四：行為的動因；行為的發育；行為的生存價值；行為的進化。著作有《本能的研究》、《動物的社會行為》及《銀鷗世界》等。1974年，他和洛倫茨及弗里施一同獲得首次頒發給行為學研究的諾貝爾生理學或醫學獎。

子承父業海門斯
成就生理學經典方法

海門斯子承父業獲得了很大的成就，其中他們所使用的兩種動物實驗製備也成了生理學和醫藥學的經典方法。例如，關於呼吸和血壓的調節機理方面的實驗，進而證明在呼吸和血壓的調節機理中，除了直接作用於中樞外還可以作用於周邊的反射功能。

科奈爾·海門斯從小在比利時民族文化中心之一的根特城生活，父親是一位大學教授，一生致力於根特大學藥物動力學與治療學的研究。父親所從事的科學研究潛移默化地影響著海門斯，使他對生物學產生了很多疑問與好奇，之後便是不厭其煩地纏著父親問東問西，而父親也欣喜於海門斯的這種學而不厭的精神，總是盡可能全面而科學地回答他的問題。

一次，父親帶著海門斯去海邊散步，看著波濤洶湧的大海，海門斯想到潛水員在大海裡隨著波浪起伏的畫面，忽然他的腦海裡就浮現出一個疑問，他問父親：「潛水員在潛入大海的時候，都要做深呼吸，這樣在水下待的時間就會長一些，這是為什麼呢？」

「人體的新陳代謝就是呼出二氧化碳，吸入氧氣，多做深呼吸，是為了讓血液中多儲存氧氣，減少二氧化碳之類的廢氣。血液裡有了足夠氧氣，呼吸的頻率可以減緩，甚至還可以適當地暫停片刻，這樣潛水員在水下就可以多停留一些時間。」

聽了父親的解釋，海門斯依然有些一知半解，他繼續向父親問道：「那為什麼到最後浮出水面的時候，會出現胸口悶、心跳加速的現象，是不是氧氣已經用完了，必須要浮出水面呼吸新的氧氣呢？」

「孩子，這是生理學中一個偉大的領域，裡面有很多神奇與奧妙，要想探索，就必須有頑強的毅力和必勝的信念，你有這個準備嗎？」

海門斯非常堅定地點了點頭。

父親耐心細緻的解說從各方面引導和培養著海門斯的興趣，在海門斯長大以後，他還建議海門斯到歐洲各個國家遊學，使海門斯受益匪淺。後來，海門斯在根特大學讀完醫學博士學位之後，便跟父親一起合作進行科學研究。

一戰爆發，海門斯決定投筆從戎，那時他在部隊擔任炮兵軍官，在戰鬥中他充分發揮了頑強奮鬥英勇善戰的本色，多次榮立戰功。

戰爭結束後，帶著多枚勳章從戰場上凱旋而歸的海門斯又重新投入到與父親的科學實驗中。在實驗裡，他們父子倆成功證明頸動脈竇和主動脈弓的內壁有壓力感應器，頸動脈體和主動脈體中有化學感受器，這兩者能夠充分感受到血壓和血液中化學成分的變化。同時他們還在試驗中證明呼吸的作用，它除了能夠調節血壓的功能，對中樞能夠產生直接的作用之外，而且還有周邊反射功能，尤其重要的是周邊的化學性反射功能。

他們父子的這一重大發現轟動了世界生理學界和藥理學界，1930年，海門斯被聘為根特大學藥物動力學和藥理學系的主任教授和根特大學海門斯研究所所長。1933年至1935年期間，他相繼發表了《頸動脈竇》和《呼吸中樞》。從那時起，各種榮譽便接踵而來。

1938年，海門斯榮獲諾貝爾生理學或醫學獎。

海門斯子承父業獲得了很大的成就，其中他們所使用的兩種動物實驗製備也成了生理學和醫藥學的經典的方法。海門斯自小在父親的影響下對生物學研究充滿了興趣，他們父子兩人的合作為生物學研究做出了不可磨滅的貢獻。

生理學經典方法在生物學研究上是一個十分廣泛的概念，海門斯與他的

父親進行了許多關於這方面的實驗。在這些實驗中都有關於生理學經典方法的表現，他們的成就轟動了世界生理學界和藥理學界，也促進了生理學經典方法的發展和在生物學研究上的應用。

　　生理學經典方法的出現，促進了許多過去無法進行的實驗的發展，於是就證明許多過去無法證明的生物學正確的理論，所以生理學經典方法的出現是促進了生物學研究的巨大進步。

小知識：

康拉德・勞倫茲（西元1903年～西元1989年），奧地利動物行為學家，現代行為生物學的奠定人。1935年提出「印記學習」這一新的學習類型，認為動物的行為是對環境適應的產物，並創立了歐洲自然行為學派。著作有《動物和人類行為的研究》、《所羅門王的指環》、《行為的進化和變異》等。1973年由於對動物行為學研究方面開拓性的成就而獲得諾貝爾獎。

軍艦鳥超人的捕獵本領來自體內強大的生物電

生物體中的每一個細胞都可以稱得上是一個微型的發電機。電荷存在於每一個細胞中，正電荷存在於細胞膜內部，而負電荷存在於細胞膜外部。正是因為細胞膜的內外鉀、鈉離子分布不均勻使得細胞產生了生物電。

在遼闊的大海上，飛翔著一種鳥類，牠全身羽毛主要為黑色，帶有藍綠色的光澤。牠的雙翅展開可以達到二～五尺，又長又尖，極善飛翔，牠的雙翅可以讓牠在空中盤旋幾個小時甚至幾天，而不需要拍動翅膀。牠飛行高度可以達到1200尺，而飛翔時速可以達到四百公里左右，僅牠的嘴就有十二公分長，捕捉獵物時，牠的利嘴便是一個有利的武器。由於這種鳥有著兇猛的掠奪習性，因而人們稱牠為「軍艦鳥」。

軍艦鳥外表兇猛，如果牠要捕食的話，便瞄準了獵物，從高空直接俯衝而下，迅速地用牠那十二公分長的尖嘴撈起海裡的獵物，然後又飛快地返回高空，全過程能做到滴水不沾，堪稱完美。

雖然軍艦鳥有著極佳的捕捉本領，但是牠很少親自捕捉獵物，而是利用自己獨一無二的「威懾力」來恐嚇那些捕撈到魚類的海鳥，白天時，牠看似在空中翱翔，其實是在窺探獵物。牠們既能在高空翻轉盤旋，也能快速地直線俯衝，牠們正是憑藉這種高超的飛行技藝襲擊那些以海洋魚類為生的其他鳥類。

很多以海洋魚類為生的海鳥都是牠恐嚇的對象，當那些鳥兒從大海裡叼起海魚飛向空中時，牠便拍著巨大的翅膀猛衝過去，飛行中帶動的氣流會嚇

麗色軍艦鳥。

得那些海鳥驚慌失措，進而丟掉嘴裡的獵物，倉皇逃竄。在被軍艦鳥跟蹤的海鳥裡，最倒楣的當屬鵜鶘、鸕鶿、鰹鳥，有時軍艦鳥用力銜住鰹鳥的尾部，而疼痛難忍的鰹鳥只顧逃命，不得不放棄嘴裡的魚，這時軍艦鳥便鬆開利口，衝著直落的獵物截擊而去，以迅雷不及掩耳的速度接住吞到腹中。

像獨佔山頭的綠林好漢一樣，每隻軍艦鳥都有專屬於自己的領地，其他軍艦鳥不得進入，不過軍艦鳥怎麼也算不上是一個正人君子，牠們經常發生內部糾紛，比如會從同類那裡銜來樹枝添補自己的巢穴，甚至有時還會順手牽羊擄走年幼的軍艦鳥當做盤中餐。

鑑於軍艦鳥的這些不道德的做法，牠還有另外一個外號，叫做黑色的海盜。不過牠的很多捕食的習性是由身體結構所決定的，牠翅膀很大，但是身體卻很小，不能像別的鳥類一樣深入海裡去捕魚，牠自己能夠捕撈的只是海面上漂浮的一些死魚和水母一類的的軟體動物。

為了彌補這一缺憾，牠便在大海上襲擊其他鳥類，截擊牠們的食物，久而久之，就變成了名副其實的「海盜鳥」。

軍艦鳥超人的捕獵本領並不是來自於人們所想像的一種超能力，而是來自於體內的強大的生物電。眾所周知，細胞是我們身體最基本的單位，而從電學的角度而言，細胞也是一個生物電的基本單位，它們還是一台台的「微型發電機」呢！一個活細胞，不論是興奮狀態，還是安靜狀態，它們都不斷地發生電荷的變化，科學家們將這種現象稱為「生物電現象」。

　　生物學上關於生物電的一個普遍被認同的觀點就是生物體中的每一個細胞都可以被稱得上是一個微型的發電機。電荷存在於每一個細胞中，正電荷存在於細胞膜內部，而負電荷存在於細胞膜外部。正是因為細胞膜的內外鉀、鈉離子分布不均勻使得細胞產生了生物電。

　　在人體中，幾乎每一個生命活動都與生物電有關。例如，外界的刺激、心臟跳動、肌肉收縮、眼睛開閉、大腦思維等都有生物電的存在。其他的動物，如軍艦鳥，牠的「電細胞」非常發達，牠的視網膜與腦細胞組織構成了一套功能齊全的「生物電路」，電流、電壓相當大，所以牠們捕獵從不失手。植物體內同樣有電，我們知道的含羞草會「害羞」也是由於「生物電」引起的作用。此外，還有一些生物包括細菌、植物、動物都能把化學能轉化為電能，發光而不發熱，特別是海洋生物，一到了晚上，在海洋的一些區域，由於「生物電」的作用而形成極為壯觀的海洋奇景。

　　隨著科學技術的日益進展，生物電的研究有著很大的進步，生物電產生原理，特別是膜離子流理論的建立都有一系列的突破。在醫學應用上，利用器官生物電的綜合測定來判斷器官的功能，給某些疾病的診斷和治療提供了科學依據，進而使更多的患者得到了治癒。

小知識：

卡爾・馮・弗里希（西元1886年～西元1982年），德國動物學家。他一生的大部分時間是研究魚和蜜蜂，並且首次證明魚類不是色盲，但是使他贏得科學榮譽的是對蜜蜂行為和感覺能力的研究。他曾提出蜜蜂的氣味通訊理論，還發現了蜜蜂的舞蹈語言，成名之作是1965年出版的《蜜蜂的舞蹈語言和定向》一書。1973年他與廷伯根、洛倫茲共獲諾貝爾生理學或醫學獎。

柳樹長大瓦盆不變的實驗開創定量法研究先河

定量分析法是化學分析中用得最多的方法，就是對已知成分的物質的量進行測定的分析，通常用的是容量分析法。在定量分析法中還有一個重要的特徵就是用到各種指示劑。定量分析還有很多物理方法，通常是對微量元素進行分析的時候才能用到。

早在十七世紀初，人們就開始在關於植物光合作用的研究中，採用了定量法的研究手法。定量法研究是指確定事物某方面量的規定特徵的科學研究，主要蒐集用具體的數字表示的資料或資訊，並對所得到的資料進行量化處理、校對和分析，進而獲得有意義的結論的研究過程。定量的意思就是說以數字化符號為基礎去測量。

當時有一位比利時的醫生就用定量法做過一個有趣的實驗，他的名字叫赫爾蒙特，為了驗證植物在生長的過程中能夠消耗多少的土壤，他在實驗之前，把採集的乾燥土壤裝進花盆裡，並秤好了重量，記在實驗紀錄上，乾燥土壤的重量是90.8kg，他又剪了一段柳枝，秤好柳枝的重量是2.27kg，然後把柳枝插進花盆裡。

一切準備就緒以後，他開始實施自己的實驗計畫，此後他的花盆裡不再增加任何的物質，包括肥料和其他有機物，只往裡面澆點雨水。

五年以後，當時的一段柳枝已將長成柳樹，當赫爾蒙特再次秤其重量的時候，柳樹已經是重達76.86kg，而盆中的土壤也只是減少了千分之一，柳樹所增加的重量遠遠大於土壤所減少的重量。從這個試驗中，赫爾蒙特得出的結論是，促使柳樹生長的主要條件是溫度和水，並不是土壤。

　　關於這個結論是否科學暫且不討論，重要的是赫爾蒙特的實驗開啟了定量法研究的先河，這個實驗創造了定量法的雛形，而後來真正更為嚴格細緻的定量法便是由此繁衍開來的。

　　柳樹長大瓦盆不變這個大家都知道的道理曾經掀起了關於定量法研究的熱潮，柳樹是一個生命體，當然會一點點長大，而種樹的盆子卻是一個無生命的東西，所以不會生長。而在生物學家的思想裡，他們卻能把這個例子與定量法研究聯想在一起，進而開創了定量法研究先河。

　　定量分析法是化學分析中用得最多的方法，就是對已知成分的物質的量進行測定的分析，通常用的是容量分析法。這種在化學分析上使用的分析法同樣是生物學研究的重要方法。

　　在定量分析中要精確地確定所分析的成分的含量，所以在進行實驗和分析的時候要進行量的控制才能夠成功。正因為如此在很多的實驗中要藉助於滴管進行計量，這樣就保證對量的準確控制。

　　在定量分析法中還有一個重要的特徵就是用到各種指示劑，沒有這些指

示劑的配合，生物學的一些實驗就可能會因為不確定的元素含量而失敗，而在生物學的研究裡就需要確定生物學實驗的目的以及各種材料才能夠更加明確地得到生物學資訊。

關於定量分析還有很多物理方法，不過物理方法會有一定的侷限性，物理方法通常是對微量元素進行分析的時候才能用到，而且物理方法需要耗費很多的資金，所以一般情況下生物學並不採用這種方法。

小知識：

佛洛伊德（西元1856年～西元1939年），奧地利精神病醫生，精神分析學派的創始人。他深信神經官能症可以透過心理治療而奏效，曾用催眠治病，後創始用精神分析療法。著有《夢的釋義》、《日常生活的心理病理學》、《精神分析引論》、《精神分析引論新編》等。

第二次世界大戰炮火 轟斷光合碳循環的研究和發現

二氧化碳轉化為糖或其磷酸酯的基本途徑就叫做光合碳循環。它分為三個部分：第一個是羧化作用；第二個是還原作用；第三個是CO_2受體RUBP的再生。

卡爾文生於美國尼蘇達州，一生主要致力於研究光的合成、化學演變和生物物理學，1961年獲諾貝爾化學獎，是美國著名的生物學家。

卡爾文從小就勤奮好學，到中學畢業時，已能藉助自己獲得豐厚的獎學金進入到密西根礦業技術學院，主攻化學，從此便開啟了他的化學之路。

勤奮刻苦和前輩們的寶貴經驗是他學習過程中的兩大法寶，密西根礦業技術學院畢業以後，他取得物理學士學位，此後又在明尼蘇達大學繼續了四年的化學研究，主要從事催化劑方面的研究，後來又到了英國的曼徹斯特，跟隨麥可爾・波拉尼教授，在以前的專業水準上又進修了兩年，這時的卡爾文已經對研究光合作用產生了濃厚的興趣，並在此領域小有成就。

1937年，他接受美國物理化學家路易士的邀請，回到美國加利福尼亞大學的伯克利分校任教。在他開始著手研究光合作用中的催化時，第二次世界大戰的炮聲打響了，卡爾文不得不停止研究把精力投入到戰鬥中去。

戰爭中的卡爾文放棄了自己的研究課題，和其他同事一起受命開始研究有助於戰爭的實驗課題，針對傷患的具體情況，他們研發並合成了一種含有鈷的絡合物，這種物質與血紅蛋白有著相同的功效，能夠在血液裡運輸氧氣，在搶救傷患的過程中廣泛被用於代替血漿。除此之外，他還相繼成功把鈈與鈾分離開來，並找到了鈈的提純辦法，這個重大科學研究成果後來被列

為美國原子能委員會用於研究和製造原子彈的「曼哈頓」計畫。

八年以後，第二次世界大戰結束了，卡爾文和他的同事們又重新回到了實驗室，繼續他們的光學實驗。卡爾文和一個叫本森的夥伴利用當時已經成熟的14C同位素示蹤技術以及紙層析技術，研究植物在光合作用下的二氧化碳同化過程。

他們把小球藻和柵列藻等藻體植物放進密閉的容器裡，然後往容器裡注入二氧化碳，繼而把藻類裡的細胞用高溫乙醇殺死，使細胞酶變性失效，停止一切化學反應，然後提取的溶液分子雙向紙層析法進行分離，最後將X光線感光底片與層析濾紙緊貼在一起，經過幾天時間之後，當底片顯像時，斑點的射線使它們做為暗區域呈現出來，並與已知化學成分進行比較。

從這個試驗中他們得出了從二氧化碳到六碳糖的各主要反應步驟，他們把這個研究成果總結為「光合碳循環」。後來，人們為了紀念卡爾文，也把這個循環稱之為卡爾文循環。

二戰炮火並沒有中斷卡爾文的生物學研究，1946年開始，卡爾文及其同事就應用新的生物學研究工具，並結合紙層析技術，研究了小球藻、柵藻等進行光合作用時碳同化的最初產物，進而發現了光和碳循環的存在。

二氧化碳轉化為糖或其磷酸酯的基本途徑就叫做光合碳循環，光合碳循環又被稱為卡爾文循環、還原戊糖磷酸循環、還原戊糖磷酸途徑。

綠色植物、藍藻和多種光和細菌中都有著明顯的光合碳循環。生物體除了光合碳循環之外還有很多碳同化的途徑，透過這些碳同化的途徑實現了生物體的碳循環。

光和碳循環的步驟可以分為三個部分：第一個是羧化作用；第二個是還原作用；第三個是CO_2受體RUBP的再生。在光和碳循環中的諸多作用的共同作用下，生物體得以正常地吸收營養，進而進一步進行成長和發育。

光和碳循環的研究和發現是生物學研究歷史上一個偉大的成就，它讓我

們更加清楚地認識了自然界的生物本質和特性，促進了生物學研究的發展和不斷進步。

小知識：

切赫（西元1947～），美國生物化學家。他於1981年後全力投入到RNA（核糖核酸）分子催化功能的研究，並發表了阿爾德曼的研究成果和學説，提出用分子層次上的化學理論來解釋RNA分子的自我催化機理。1989年，他和阿爾特曼共同獲得了諾貝爾化學獎。

種豌豆的神父種出了遺傳定律

　　孟德爾的遺傳定律從宏觀上講可以分為兩大種類，一種是分離規律，另一種就是自由組合定律。在生物體中決定某一種性狀的成對遺傳因子，在減數分裂過程中，產生數目相等的、兩種類型的配子，並且能夠獨立地遺傳給後代。

　　孟德爾，1922年出生於素有「多瑙河之花」美稱的奧地利西里西亞德語區，在他還是少年時，村裡來了一個名叫施賴伯的人在這裡開辦果樹栽培培訓班，指導和傳授當地人嫁接栽培各種果樹的技術。那時的孟德爾就對這種技術表現出濃厚的興趣和超凡的記憶力，施賴伯看出這個孩子的天分，就建議他的父母把他送到更好的學校進行專業培訓。

　　雖然有人指點，但是此後的道路對孟德爾來說並非一帆風順，由於家庭條件有限，他幾乎是貧困潦倒的讀完了大學，隨後為了生存的需要，他被迫走進了修道院，當了一名神父。一個偶然的機會，他被修道院送到維也納大學繼續進修，希望他能夠得到一張正式的教師文憑。在維也納讀大學期間，他主要進修了物理學、化學、動物學、昆蟲學、植物學、古生物學和數學。在此同時，他還受到當時一些著名的學者和科學家們的影響，知道了遺傳規律不是用精神本質決定的，也不是由生命力決定的，而是透過真實的實踐經驗得來的。

　　1953年，三十一歲的孟德爾回到了修道院，也就從那時起，孟德爾決定將自己的一生都致力於生物學方面的研究。

　　第二年的夏天，孟德爾準備了三十四個豌豆，開始了他的研究工作。這三十四個豌豆粒外形奇特，形狀各異，為了防止它們在培育的過程中特性發

生變化，孟德爾還特意把這些豌豆粒先種植了兩年，最後挑選出二十二個有明顯差異的種子來培育植株。

挑選完品種以後，孟德爾開始進行雜交試驗，他把高的和矮的雜交，把表面光滑的跟表面粗糙的雜交，把顏色不同的豌豆雜交，同時他還把開花部位不同的豌豆進行雜交。孟德爾之所以這麼做，就是想透過雜交之後的豌豆，發現出控制這些性狀在雜交後代中逐代出現的規律。

孟德爾的這個實驗進行了八年，一共培育了28000株植株，在這項試驗

孟德爾的豌豆實驗。

中，他獲得了大量寶貴的資料。這些資料顯示，第一代雜種會表現出親本一方的性狀，光滑的與粗糙的豌豆雜交，得到的是光滑的豆粒，而如果讓第一代雜種自交，便會得出兩種結果，既有光滑的也有粗糙的。這也就是說，在F1代只出現一種性狀，而在F2代中親本雙方的性狀都將出現。孟德爾又開始繼續實驗，並且從單變化因子的實驗到多變化因子的實驗，用假定的辦法一步步解開了謎團。從他的實驗中，後人總結出兩條定律：一是分合律，二是自由組合律。

但是他的這一重大發現卻被忽略了，沒有得到肯定與重視，直到三十年以後，被三位植物學家獨立審核，他的科研成果才又重新得到肯定，而他的論文也被公認為開闢了現代遺傳學。

眾所周知的孟德爾利用豌豆得到了遺傳定律，這一個偉大的發現是生物學研究歷史上重要的一個成就之一。自從生物學界有了孟德爾的遺傳定律，

人們就更加清楚地瞭解了生物學。

孟德爾的遺傳定律從宏觀上講可以分為兩大種類，一種是分離規律，另一種就是自由組合定律。

分離規律的實質是：在生物體中決定某一種性狀的成對遺傳因子，在減數分裂過程中，彼此分離，互不干擾，這樣就使得在配子中只具有成對的遺傳因子中的一個，進而產生數目相等的、兩種類型的配子，並且能夠獨立地遺傳給後代。這個分離規律後來又經過了許多生物學家的實驗驗證，認為是十分正確的一個結論。

自由組合規律是孟德爾遺傳規律中的另一個偉大的發現，在得出了分離規律之後孟德爾又接連進行了兩對、三對甚至更多對相對性狀雜交的遺傳試驗，進而又發現了第二條重要的遺傳學規律，即自由組合規律，也有人稱它為獨立分配規律。自由組合規律是指：在兩對相對性狀中，一對相對性狀的分離與另一對相對性狀的分離無關，二者在遺傳上是彼此獨立的，當然這也適用於三對或者是三對以上的相對性狀，就是説N對相對性狀的等位基因，既能彼此分離，又能自由組合。

小知識：

繆勒（西元1890年～西元1967年），美國遺傳學家。他是輻射遺傳學的創始人，並因此而榮獲1946年諾貝爾生理學或醫學獎。由他建立的檢測突變的CIB方法至今仍是生物監測的手法之一。

坐在大秤裡的科學家
秤量新陳代謝

新陳代謝是指在生命活動過程中不斷與外界環境進行物質和能量的
交換，以及生物體內物質和能量的轉化過程。

桑托里奧是科學家伽利略的朋友，當他看了伽利略帶著自己的新知識觀
點和新的發明來到帕多瓦「佈道」的場面時，深受啟發。他不僅認同伽利
略的觀點，還堅定地相信測量的時代真的到
來了。為此，桑托里奧發明世界上第一支體
溫計，還發明測量心率的擺錘，並驕傲地宣
稱，他的「脈搏計」可以「使脈搏具有數學
上的確定性……而非捏造或推測的。」

桑托里奧如此驕傲並非沒有道理，為了測
量體重變化，桑托里奧還野心勃勃地製造了
一個像小木屋大小的秤。他每天都要坐在這
個大秤中，秤自己的體重，測量自己體重的
變化，如此日復一日，竟然堅持了三十年！

有人不解地嘲笑他：「你堅持如此不可思
議的舉動，到底想要得到什麼？」

他的回答很堅決：「想要得到測量的結
果。」

桑托里奧的苦行終於換來了豐碩的成果，
他發現一旦將身體的某部分直接暴露於空氣

伽利略在1609年親手製造望遠鏡，並用
它來觀察星空，發現了許多以前不為人
知的秘密。

桑托里奧實驗示意圖。

中，即使不進食、不排泄，體重也會發生變化。這是什麼原因造成的呢？

經過分析，他認為這是由「不可見的出汗」造成的，人體有一個排泄和吸收的系統，這個系統調節著人的體重。

這看似無關緊要的發現，對生物學發展卻有著非常重要的作用，因為人體新陳代謝的秘密就這樣被第一次抓住了。順藤摸瓜，人們逐漸揭開了生物新陳代謝的秘密，為推動生命科學的發展，展開了一個好起頭。

新陳代謝包括物質代謝和能量代謝兩個方面。

物質代謝是指生物體與外界環境之間物質的交換和生物體內物質的轉變過程；能量代謝是指生物體與外界環境之間能量的交換和生物體內能量的轉變過程。

在新陳代謝過程中，既有同化作用，又有異化作用。

同化作用，又叫做合成代謝，是指生物體把從外界環境中獲取的營養物質轉變成自身的組成物質，並且儲存能量的變化過程。

異化作用，又叫做分解代謝，是指生物體能夠把自身的一部分組成物質加以分解，釋放出其中的能量，並且把分解的終產物排出體外的變化過程。

新陳代謝的特點是在身體無知覺情況下片刻不停地進行的體內活動，包括心臟的跳動、保持體溫和呼吸。

　　新陳代謝受年齡、身體表皮、性別、運動等因素影響。一個人越年輕，新陳代謝的速度就越快，這是由於身體在生長造成的，尤其在嬰幼兒時期和青少年時期速度更快。身體表皮面積越大，新陳代謝就越快，兩個體重相同外表不同的人，身高矮的會比身高高的新陳代謝慢一些，這是因為身高高的人表皮面積大，身體散熱快，所以需要加快新陳代謝的速度產生熱量。通常，男性比女性的新陳代謝速度快，這是由於男性身體裡的肌肉組織的比例更大，肌肉組織即使在人休息的時候也在活動，而脂肪組織卻不活動。還有，劇烈的體育運動過程中和活動結束後的幾個小時內都會加速身體的新陳代謝。

小知識：

里歇（西元1850年～西元1935年），法國生理學家。1888年，他證實給動物注射細菌後其體內可產生抗體，還證實將一個免疫動物的血清輸到另一個動物體內，也可使其產生免疫性。1890年將這個原理應用於結核病的治療，開創現代血清療法的先河。同時他還發現了過敏反應，並認為引起過敏反應的物質是一種血液中的化學物質。過敏反應的發現引起了醫學界極大重視，他因此獲得1913年諾貝爾生理學或醫學獎。著有《過敏反應》、《生理學辭典》、《心理學論文集》等。

在父親花園中長大的木村資生創建中性學說

分子水準上大多數的突變是中性的或者是近似於中性，這些突變在
一代又一代的進化與發展中有的被保存了下來，有的趨於消失，
進而形成分子水準上的進化性變化，這就是生物學上的「中性學
說」，也可以叫做「中性突變的隨機漂變」。

木村資生，中性學的創始人，進化生物學家。他在遺傳學上之所以會取
得如此的成就，基本上是受到父親的影響。他的父親是一個喜歡花草樹木的
商人，閒暇的時間經常用來照顧自己種植的花花草草。

木村資生上中學時，曾經患過一次嚴重的食物中毒，身體虛弱到了極
點，於是聽從醫生的建議休假在家。他每天看著父親精心修剪那些草木，聽
父親講解草木的特徵和習性，逐漸對此產生了興趣。也正是他對植物的濃厚
興趣，他的一個老師便極力建議他學習植物學。

方向與目標是前進的動力，中學畢業以後，木村資生便以優異的成績考
取了名古屋第八國立高等學校理科班，在植物形態學教授熊澤的指導下開始
全心全意的學習植物學，並由此開始慢慢向植物遺傳學發展。木村資生對於
遺傳學的喜愛簡直到了癡迷的程度，在跟隨熊澤在細胞學實驗室學習的時
候，他大部分時間都用來參加農學院遺傳學系木原均的實驗討論會，木村在
這裡學習了生物統計學、機率論、數理統計和熱力學，並認為遺傳學和生物
統計學最後能夠有機的結合起來。

大學畢業後，木村資生便開始一邊致力於遺傳學中的理論工作，一邊跟
隨木原均進行核質關係的研究。木原均在研究中發現，一個品種中的染色體

能夠被另一品種中的染色體取代，在他的指導下，木村開始研究這些品種在經過一定次數的回交，其母體中原有的染色體還能保留多少。在這項試驗中，他充分利用學過的數學知識，羅列了一個積分方程式，把最後所得到的每一次的回交資料與分布規律之間的關係排列出來，並把這個實驗結果寫成了一篇論文，發表在《細胞學》雜誌上。

透過對《孟德爾群體的進化》的學習，木村發現可以用數學方法處理小團體中的隨機漂變問題，並以此提出了「中性突變──隨機漂變假說」即中性學一說。1954年至1956年，他與克勞博士合作，給出了有限群裡中性等位基因隨機漂變過程的完美解答。

日本遺傳學家木村資生是生物學界的一個很有成就的人，從小在花園中長大的他在生物學研究史上首次提出了「中性學說」。在他提出這一著名的理論之後，美國學者J‧L‧金和T‧H‧朱克斯又用大量分子生物學的資料證明這一學說的正確性。

二十世紀五〇年代以來，生物學有著突飛猛進的發展，科學家先後弄清楚許多生物大分子的一級結構，之後科學家們又發現了分子進化至少有三個顯而易見的特點：一是分子的多樣性程度高，分子多態更為豐富；二是各種同源分子的選擇大都是中性或近中性的，它們的特徵就是都有比較高級的結構和功能；三是生物能夠從低級向高級演化。而在此研究發現的基礎之上，木村更加邁進了一步，他透過一連串的研究與證明提出了分子進化的中性學說，進而合理地解釋了分子進化的多種現象。

後來經過進一步研究，木村資生又證明，遺傳漂變並不限於小團體，對任何一個大小一定的群體，都能透過遺傳漂變引起基因的固定，進而導致發生進化性變化。

小知識：

華萊士（西元1823年～西元1913年），英國博物
學家和動物地理學家，解釋生物進化的自然選擇學
說的創始人之一。著名的《聯合論文》，奠定了科
學進化論的基礎。華萊士對動物地理學也有重要貢
獻，提出「東洋區」與「澳洲區」的分界線，世
稱「華萊士線」。主要著作有《亞馬遜地區旅行
記》、《對自然選擇學說的貢獻》、《動物的地理
分布》和《達爾文主義》等。

偷屍體的學生
發現血液循環規律

血液循環理論指的是，人類血液循環是封閉式的，由體循環和肺循環兩條途徑構成的雙循環。血液循環的主要功能是完成體內的物質運輸，血液循環一旦停止，身體各器官組織將因失去正常的物質轉運而發生新陳代謝的障礙。

維薩里是十六世紀偉大的醫學家，他在巴黎求學時，每逢解剖課，教授都是高坐在椅子上講課，助手和匠人在臺下操作，而且一年內最多只允許進行三到四次解剖。維薩里不滿足於這種現狀，為了學習解剖，只好夜間到野外偷竊絞刑架上的犯人屍體進行解剖研究。

有一次，他將一個死人頭骨藏在大衣裡，悄悄帶進了城，並把它放在自己的床底下，有空就拿出來鑽研。更令人驚訝的是，他還帶領

中世紀的解剖手術。

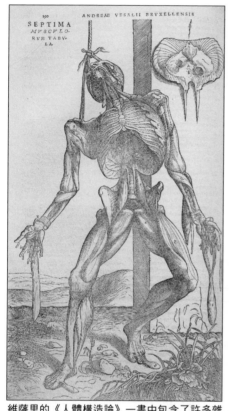
SEPTIMA
MVSCVLO-
RVM TABV-
LA
ANDREAE VESALII BRVXELLENSIS

維薩里的《人體構造論》一書中包含了許多雜亂又詳細的人體解剖圖，經常擺著諷喻的姿勢。。

學生盜古墓，試圖找到屍體進行解剖。自然，這些「異端」行為觸怒了宗教，引起宗教人士的強烈不滿，他們聯合起來，最終將這個有著怪僻的「異端」分子趕出了法國。

維薩里當然不甘心就這樣失去研究人體解剖的機會，後來他聽說義大利的帕多瓦大學有歐洲最好的解剖教室，於是他就到跑到那裡去碰運氣。他找到那裡的導師們虛心請教，最終得到了導師們的認可，把他留了下來，使他得以繼續研究他最愛的人體解剖學。

1543年，他將工作中累積起來的資料整理成書，公開發表。這本書就是《人體構造論》。在這本書中，他第一次遵循解剖的順序描述人體的骨骼、肌肉、血管和神經的自然形態和分布等。

這一論述，立即引起了人體解剖學的轟動，雖然維薩里也同樣受到當時保守派的指責，但他的學生們卻繼承了他的衣缽，在他的研究基礎上，大力發展了解剖學。

血液循環理論指的是，人類血液循環是封閉式的，由體循環和肺循環兩條途徑構成的雙循環。血液由左心室流出經主動脈及其各級分支流到全身的微血管，在此與組織液進行物質交換，供給組織細胞氧和營養物質，運走二氧化碳和代謝產物，動脈血變為靜脈血；再經各級靜脈會合成上、下腔靜脈流回右心房，這一循環為體循環。血液由右心室流出經肺動脈流到肺微血

管，在此與肺泡氣進行氣體交換，吸收氧並排出二氧化碳，靜脈血變為動脈血；然後經肺靜脈流回左心房，這一循環為肺循環。

血液循環路線可以做如下表示：左心室→（此時為動脈血）→主動脈→各級動脈→微血管（物質交換）→（物質交換後變成靜脈血）→各級靜脈→上下腔靜脈→右心房→右心室→肺動脈→肺部微血管（物質交換）→（物質交換後變成動脈血）→肺靜脈→左心房→最後回到左心室，開始新一輪循環。

血液循環的主要功能是完成體內的物質運輸。血液循環一旦停止，身體各器官組織將因失去正常的物質轉運而發生新陳代謝的障礙。

同時體內一些重要器官的結構和功能將受到損害，尤其是對缺氧敏感的大腦皮層，只要大腦中血液循環停止3～4分鐘，人就喪失意識，血液循環停止4～5分鐘，半數以上的人發生永久性的腦損害，停止10分鐘，即使不是全部智力毀掉，也會毀掉絕大部分。目前臨床上的體外循環方法就是在進行心臟外科手術時，保持病人全身血液不停地流動。對各種原因造成的心跳驟停病人，緊急採用的心臟按摩（又稱心臟擠壓）等方法也是為了代替心臟自動節律性活動以達到維持循環和促使心臟恢復節律性跳動的目的。

小知識：

伊麗莎白·布萊克本（西元1948年～），美國生物學家。她與卡羅爾·格雷德、傑克·紹斯塔克憑藉「發現端粒和端粒酶是如何保護染色體」這一成果，揭開了人類衰老和罹患癌症等嚴重疾病的奧秘，並且獲得2009年諾貝爾生理學或醫學獎。

劇作家改行提出身體內環境學說

內穩態機制，即生物控制自身的體內環境使其保持相對穩定，能夠減少生物對外界條件的依賴性。內環境的相對穩定是生命能獨立和自由存在的首要條件。內環境的穩定意味著是一個完美的有機體，能夠不斷調節或對抗引起內環境變化的各種因素。

貝爾納是實驗生理學的真正奠定人。他提出的內環境概念經亨德森和坎農的努力發展成內穩態理論，內穩態理論是現代實驗生理學的基礎。

這位傑出的科學家出生貧寒，接受教育不多，生活所迫，他不得不到一家藥鋪當夥計。慶幸的是，他沒有因此自我輕視，而是積極學習和觀察社會現象，並寫出了一部關於萬靈藥的短劇。這部短劇受到一位導演青睞，將它搬上舞臺，結果很受觀眾喜愛。

短劇展示了貝爾納的才華，也為貝爾納帶來了收入和名聲，他因此一度鍾情於寫作，打算以戲劇做為自己的謀生之路。機緣巧合，這時他有幸進入巴黎醫學院學習，奇妙而博大的醫學天地為他打開了另一扇窗，他很快發現自己更適合作一名醫學者。

透過努力，貝爾納成為著名科學家馬根狄的助手。馬根狄擅長做活體解剖，受傳統生理學派影響，極力主張用物理化學方法闡釋生命現象。貝爾納在老師手下受到良好的訓練，對生理學有了深刻的理解，並且青出於藍而勝於藍。在其後長達四十年的科學生涯中，他對於生理學方面的發現是無與倫比的。

貝爾納癡迷實驗，被稱為「實驗狂人」。在研究胰臟的消化功能時，他日夜待在實驗室裡，很少外出活動。透過多次實驗，他第一次從胰臟中分離

出三種酵素，分別促進糖、蛋白和脂肪的水解，以利於腸壁吸收。他由此斷定胰臟是最重要的消化腺，而不是過去人們認為的那樣——胃是最主要消化器官。

當時流行的理論是人體需要的糖從食物中吸收，透過肝、肺和其他一些組織分解。而貝爾納在實驗中感覺到這種理論存在謬誤，憑藉天才的想像和猜測，他認為肝臟是合成糖原的「功臣」。為了證實自己的理論，貝爾納用狗做實驗，他用碳水化合物和肉分別餵狗，幾天之後把狗殺死，意外地發現牠們的靜脈中都有大量的糖分。這種現象引起了他的深思，而進一步實驗終於使他發現了肝臟的糖原合成與轉化功能。

當時人對他的發現不予理會，但他堅持己見，又進行了大量實驗。他發現當血液中血糖含量增高時，肝臟可以將血糖轉化成糖原儲存起來；反之，肝臟可以將糖原轉化成血糖進入血液。肝臟還可以調節血糖水準，使有機體處於相對穩定的狀態。這使貝爾納意識到有機體各部分都是相互協調的。肝臟糖原合成和轉化功能的發現不僅促進了貝爾納「內環境」概念的提出，而且使人們認識到動、植物在生理上的統一性。

1867年貝爾納出版了十四卷本《醫學實驗生理學教程》，把生理學從整體上提高到了一個新的水準。現在。他被公認為生理學界最偉大的科學思想家。

美國生理學家亨德森和坎農等繼承和發展了貝爾納的思想，科學地揭示了內環境穩定的功能。

內穩態機制，即生物控制自身的體內環境使其保持相對穩定，是進化發展過程中形成的一種更進步的機制，它或多或少能夠減少生物對外界條件的依賴性。具有內穩態機制的生物藉助於內環境的穩定而相對獨立於外界條件，大大提高了生物對生態因子的承受範圍。

以人為例來說，人體生活需要兩個環境，肌體組織生活的內環境和整個

有機體生活的外環境。細胞和組織只能生活在血液或淋巴構成的液體環境中，這就是內環境；相對於此，外界生活環境就是外環境。

內環境的相對穩定是生命能獨立和自由存在的首要條件。內環境的穩定意味著是一個完美的有機體，能夠不斷地調節或對抗引起內環境變化的各種因素。比如，江山易改，本性難移，指出的是心理素質方面的內穩態；運動員按照一定的方案訓練，達到運動訓練平臺的時候就形成了內穩態。只要維持相對的訓練，運動水準就可以穩定發揮。

總之，內穩態的品質越高，抵抗外界干擾所產生的應激能力越強，各種應激的影響越小。

小知識：

寇里（西元1896年～西元1984年），美國生物化學家。他提出「寇里氏循環」的假設，並發現了葡萄糖的磷酸醋形式及磷酸化在糖代謝中的重要意義，與妻子一起獲得1947年諾貝爾生理或醫學獎。

煩惱的少年歌德
採用比較法研究生物學

要想找到生物體和生物體之間關於結構、功能等方面的異同點就需
要應用比較的方法進行研究。在達爾文的進化論主宰生物學的時
代，比較的方法就漸漸地成為一種動態的比較了。這種動態的比較
無疑成為生物學上一個巨大的歷史性的進步。

歌德在文化領域和科學領域都是世界矚目的，但是他在愛情方面卻是一
個失敗者，十四、五歲的時候，歌德愛上了一個名叫格蘭托欣的姑娘，可是
由於種種原因，情竇初開的歌德卻沒有嚐到相守的甜蜜，相反卻嚐到了離別
的辛酸與苦澀。初戀無果而終，歌德
離開故鄉就讀大學，在那個充滿了浪
漫情調的象牙塔裡，他又深愛上了一
位姑娘，她是一位酒館老闆的女兒。
歌德認為找到了自己生命中的知音，
每天都想與她陪伴在一起，可是女友
因為酒館的原因，要經常招呼客人，
歌德對此很不舒服，最後由小吵到了
大鬧，以致於發狂翻臉。女友受不了
他這種近乎發瘋的嫉妒，便與歌德分
道揚鑣了。

愛情彷彿在一次次地戲弄這個少
年，傷心之餘，他寫下了《少年維特

歌德畫像。

的煩惱》，藉此表達自己的苦悶與無助。

《少年維特的煩惱》的出版引起了巨大的成功與轟動，他的文學天賦也由此嶄露頭角，晚年時，他又因一本《浮士德》奠定了他在世界文學史上的重要地位。

歌德的文學天賦是毋庸置疑的，可是卻很少有人瞭解他在生物學上的貢獻。

在歌德生活的時代裡，人們普遍認為人類與猿類之間最大區別就在於，猿類的臉部中央有一塊間頜骨，而人類卻沒有。對於這個說法，歌德並不認可，他相信所有的身體之間都存在相似的結構單元，也許是位置不同。為此他對人類的頭蓋骨做了認真的觀察，發現人類同樣是有間頜骨的，只是在上頜處，與其他骨頭結合在一起。他又拿顎裂的人跟常人相比，經過觀察他發現之所以會出現異常，是因為這些人天生沒有間頜骨。所以間頜骨對人類來說不僅有而且還是不可或缺的。

除了對文學以及生物學非常熱愛之外，歌德還喜歡研究植物，他曾經仔細的研究過植物的生長過程，一粒種子在種下去以後，最先發出的是兩片葉子，然後葉子進一步長大成為營養葉，最後出現花苞，開花結果。歌德解剖花朵時，他事先假設每一朵花瓣的各個部分與葉子是一樣的，可是雄蕊與雌蕊之間有很大區別，為了尋找它們與葉子之間的相似之處，歌德又拿當時新培育出的重瓣花做比較，這些新培育的重瓣花裡，雄蕊的數量已經明顯減少甚至消失，而有的重瓣花中心連雌、雄蕊都沒有，只有花瓣，這個發現說明雌雄蕊與花瓣之間是可以轉換的，也就是說花的所有器官上的部分跟葉子是相同的，萼片、花瓣、雄蕊和雌蕊具有葉的一般性質。

在科學實驗中，歌德先是發現物種的異常現象，從異常的一面切入，再去尋找出現異常的原因，進而得出這些異常是因為基因突變而導致的。

從異常中去理解正常，不失為揭示生物發育過程的有效途徑。

生物學研究歷史上的一個偉大的研究者歌德，開啟了用比較的方法研究生物學的熱潮。生物學在那個時代已經得到了快速的發展，在生物學的研究過程中生物學家們整理了很多分類學、形態學、解剖學、生理學的資料。

因此僅僅是分類研究的生物學已經不適應現代生物學的發展，現在擺在生物學家面前的一個重要課題是要對各個物種進行研究，進而掌握它們的共同點和差異點，這種需求就引出了生物學研究中的比較法，這種方法對那個時期生物學的發展做出了突出的貢獻。

要想找到生物體和生物體之間關於結構、功能等方面的異同點就需要應用比較的方法進行研究。在生物學中的比較方法出現的早期，生物學家們還停留在一種靜態的研究水準上，但是在達爾文的進化論主宰生物學的時代，比較的方法就漸漸地成為一種動態的比較。這種動態的比較無疑成為了生物學上一個巨大的歷史性的進步。

生物學的研究剛剛出現的時候，生物學家們還僅僅停留在對生物的表面形態進行描述上，後來生物學研究史上出現了一個巨大的進步就是顯微鏡的發明，使生物學的研究深入到了生物的細胞以及更深入的研究上。

在這種研究深入的基礎上比較法也取得了巨大的進步，例如，生物學上的一個巨大的成就——細胞學說的出現在一定的程度上也是得益於比較法的發展。

小知識：

卡羅爾‧格雷德（西元1961年～），美國分子生物學家，現任約翰‧霍普金斯大學分子生物學與遺傳學系教授。她因為「發現端粒和端粒酶如何保護染色體」而與伊麗莎白‧布萊克本和傑克‧紹斯塔克一起獲得2009年諾貝爾生理學或醫學獎。

爬上樹捉蟲子的魚 示範系統論思想

在系統生物學的研究中，生物系統的組成成分以及它們之間的相互關係是一個十分重要的研究內容，簡單的說就是研究生物體的基因、mRNA、蛋白質以及它們相互作用的關係，整合生物體內各種不同的要素進行系統的研究。

在熱帶和亞熱帶地區，在海洋與陸地交接的泥沙上，生長著大片的植物林，枝杈密布，樹根縱橫交錯地生長。這是一種由喬木和灌木組成的植物林，這些植物的皮下細胞組織裡含有大量的單寧酸，單寧酸最顯著的特徵是遇空氣即變成紅色，所以這片植物林也就自然而然的成為名副其實的「紅樹林」了。

每當大海退潮的時候，在紅樹林生長的沼澤地上，便會出現許多蹦跳的

彈塗魚。

彈塗魚，彈塗魚習慣在泥沙中穴居，如果牠想引起異性的注意與青睞，便會從洞口不斷地往上跳躍，藉此展示自己帶有藍色斑點的背鰭。

牠還有另外一個喜好，就是經常爬到紅樹的根上面捕捉昆蟲吃。吃飽了在陸地上玩半天，然後再回到水裡，因為牠喜歡蹦蹦跳跳，所以也有人稱為「跳跳魚」。牠的胸鰭肌肉發達，像一雙有力的臂膀，如果在陸地上遇到什麼危險，牠能夠迅速地蹦跳著逃離。

那麼，彈塗魚到底是跳上樹的還是爬上樹的呢？當海水高漲的時候，彈塗魚便在淹過紅樹的水面周圍活動，有時藉著高漲的海水攀附於樹枝上。當海水退去的時候，牠便順勢把左右兩個腹鰭合併變成強而有力的吸盤，把自己緊緊的吸附在樹枝上，看上去像是會爬樹。

彈塗魚的長相很奇特，牠們身體並不太長，只有十公分左右，兩隻眼睛像青蛙一樣長在腦袋上方，有著相當開闊的視野。尤其與眾不同的是牠那能夠密封的腮腔，牠的鰓腔很大，能夠儲存大量的空氣，除此以外，牠的皮層裡也密密麻麻布滿了血管，這些血管能夠穿過薄薄的皮層直接呼吸空氣，並且牠的尾鰭也是一種輔助的呼吸器官，這些特點都能讓牠在長時間離開水面時，提供了很大的幫助。

爬上樹捉蟲子的魚看似一個笑話，但是在生物學家們的眼裡，這條魚卻示範了生物學研究中一個重要的理論──系統論思想。

生物學做為一個獨立的學科，其本身就必然是一個系統，生物學家們以一個統一的整體觀點對生物學進行研究，有利於從整體上把握生物學，也讓人們更清楚地瞭解到生物學的知識體系。

在系統生物學的研究中，生物系統的組成成分以及它們之間的相互關係是一個十分重要的研究內容，簡單的說就是研究生物體的基因、mRNA、蛋白質以及它們相互作用的關係。

在系統生物學出現之前，生物學家們對生物學的研究僅僅停留在對個別

因素的研究上，例如僅僅研究基因或者僅僅研究蛋白質，自從系統研究法出現在生物學的研究史上之後，生物學的發展又獲得很大的進步。

系統生物學備受生物學家的青睞，它突破了以往生物學研究上的單一性，開始以一個整體的觀點研究生物學。在此基礎上，系統生物學整合生物體內各種不同的要素進行系統的研究。例如，生物學家們對基因組和基因表達的研究就利用系統生物學研究的方法進行，獲得巨大的成功。但是要真正將這種整合發展到極致還有一段距離，還要靠生物學家和科學家的共同努力才能實現。

小知識：

蔡邦華（1902年10月6日～1983年8月8日），昆蟲學家，第一屆中國科學院生命科學部學部委員（院士）。江蘇溧陽人。

1920年留學日本，鹿兒島高等農林學校（現在的鹿兒島大學）動植物科畢業（1924年），專業是昆蟲學。

畢業後到北京大學生物系教書，1927年到東京帝國大學農學部讀書，1928年中止學業，1930年到1936年間留學德國。

1945年12月國民政府到台灣接收台北帝國大學，行政院核定校名國立台灣大學，派羅宗洛為代理校長，他被羅代理校長聘為農學院院長，兼昆蟲學系主任。

是台大農學院第一位院長和昆蟲學系第一位主任。

無辜罪犯是李森克主義落井下石
阻礙生物學發展的結果

李森克主義曾經嚴重阻礙了生物學的發展，他們否認遺傳物質的存在和DNA的作用。在當時政治環境下，這種觀點導致俄國把「基因論」封為「資產階級唯心論的偽科學」，因此當時許多對此觀點有不合的生物學家遭到了政府的迫害和批判。

李森克小時候出生在烏克蘭一個農民家庭，一個偶然的機會，父親發現在雪地裡過冬的小麥種子，在春天播種可以提早在霜降前成熟。李森克由此便發明對種子「春化處理」的育種法，具體的做法是在種子種植之前把它濕潤和冷凍，以便引起加速成長的目的。對於他的這個發現，烏克蘭農業部非常重視，決定設立一個專門的研究所，並由李森克擔任負責人。

李森克所做的這個作物春化試驗引起了瓦維洛夫的重視，1934年，瓦維洛夫把這個科學研究結果做為對農業的一項貢獻連同李森克本人一起向科學院生物學部推薦。

有了老師瓦維洛夫的鼎力協助，李森克更加相信自己的研究成果是有突破的，他開始把自己的這個「春化試驗」做為炫耀的資本，廣泛地在政治領域宣傳自己，為給自己謀取一個穩固的地位。他聲稱自己是「米丘林達爾文主義」的繼承者，而當時孟德爾所發現的現代遺傳學則是一派胡言。

嚴格的說，李森克並不是一個嚴肅的科學家，因為每一項科學研究結論都是需要透過嚴格的實踐來檢驗的，可是在科學研究領域裡，他更多的是造假與浮誇。

李森克的這種態度當然會受到長期從事生物遺傳研究的學者們的強烈反

對與指責，而他的老師瓦維洛夫也對他的說法持反對態度。老師認為摩爾根和孟德爾的遺傳規律對於後人研究和理解遺傳學有著舉足輕重的意義，在目前尚未確定其他的有價值的線索之前，不應該拋棄現代生物遺傳學。

瓦維洛夫的質疑引起了李森克的極端反感，他煽動自己派系的人對支持孟德爾遺傳學的派系進行了強烈的打擊。1937年5月8日，在全蘇作物栽培研究所的學術研討會上，李森克對瓦維洛夫圍攻上升到了政治層面，說他是「摩爾根──孟德爾分子」、「反米丘林分子」等。

此後，李森克一再利用權勢阻撓老師的科學研究工作，二者的矛盾逐漸升高，李森克以政治名義公然誣陷老師是一名外國間諜，並積極參與策劃了反蘇破壞組織的活動。1940年8月6日，瓦維洛夫以及他的許多同事被李森克以莫須有的罪名送進了監獄。

為了讓瓦維洛夫對自己的「罪行」供認不諱，監獄的士兵開始對他進行折磨和摧殘，每次的提審都長達十幾個小時。強大的壓力和殘酷的折磨讓瓦維洛夫「招供」了。雖然他在獄中仍然憑藉對科學的熱忱和淵博學識寫下了《農業發展史 （世界農業資源及其利用）》一書，但是無情的政治鬥爭並沒有因此而優待他，1941年7月9日，俄國最高法院軍事委員會對他做出了最後判決：判處尼拉·伊萬諾維奇·瓦維洛夫死刑，並沒收屬於他個人的財產。

由於最高蘇維埃主席團主席加里甯的出面干預，瓦維洛夫才倖免一死，後來瓦維洛夫重病纏身被轉送到了監獄醫院。1943年1月26日，集勞累、不公正的待遇、積憤再加憂慮多種不幸與磨難於一身的瓦維洛夫痛苦地死在了薩拉托夫監獄醫院裡。

李森克主義曾經嚴重阻礙了生物學的發展，雖然當時很多生物學家都證明遺傳物質的存在和DNA的作用，但是以李森克為代表的學派卻否認了這十分重要的觀點。這種做法現在看來顯然是無稽之談，但是在當時的那種政治環境的影響下，這一論斷也蠱惑了許多生物學者。

正是因為李森克的這種觀點導致俄國政府把「基因論」封為「資產階級唯心論的偽科學」，使當時許多對此觀點有不合的生物學家都遭到了迫害和批判。然而，隨著科學的發展，這些政治投機者最終被輾在歷史的車輪下。

生物學不斷地對遺傳物質進行探索，透過肺炎雙球菌的轉化過程的實驗，生物學家們證明DNA是遺傳物質，在只有RNA沒有DNA的病毒中，RNA是遺傳物質這一重要的生物學結論。

做為遺傳物質需要具備以下幾個條件：

第一，細胞在生長和繁殖的時候遺傳物質能夠複製自己。

第二，遺傳物質能儲存巨大的遺傳資訊。

第三，遺傳物質能夠指導蛋白質的合成，這樣就能夠控制新陳代謝和生物的性狀。

第四，遺傳物質中的遺傳資訊可以傳遞給下一代。

第五，結構穩定。

沒有這些必要的條件就不能被稱為遺傳物質。

經過生物學家的研究得出DNA和RNA是符合上述條件，因此就證明親代與子代之間傳遞遺傳資訊的物質大部分都是存在於染色體中的DNA，還有極少數的病毒的遺傳物質是RNA。

小知識：

阿利（西元1885年～西元1955年），美國動物生態學家，一生以研究動物的社會行為和集群而聞名。他發現集群能提高動物的存活能力，這就是生態學中的「阿利規律」。1949年，阿利與人合編的《動物生態學原理》的出版，象徵著動物生態學已成熟為一門獨立的學科。主要著作有《動物的集群》、《動物的生活和社會增長》、《動物的社會生活》等書。

一隻小果蠅詮釋
永不褪色的遺傳學理論

遺傳學主要研究生物體中促使生物遺傳與變異的基因的結構及其功能。研究範圍主要包括三個方面：一是對遺傳物質的本質的研究；二是對遺傳物質的傳遞的研究；三是對遺傳資訊的研究，包括對基因的原始功能、基因的相互作用等方面的研究。

摩爾根，生於美國紐約州奧羅拉，他是美國民族學家、原始社會史學家，染色體的創始人。

摩爾根從小就對大自然的一切表現出極大的興趣，特別是對一些昆蟲之類的生物，比方說他喜歡去野外觀察昆蟲的生活習慣和生活環境，觀察牠們如何築巢，如何採食以及如何培育下一代等，不僅如此，他還經常把這些昆蟲帶回家解剖，來觀察牠們身體內部的構造。

果蠅。

有一次，他突然想起給自家的小貓做解剖，就強行給貓灌下了安眠藥，很快小貓就酣睡過去，摩爾根趁小貓睡著了，就把牠綁在桌子上，拿起刀子就開始解剖，怎奈小貓被痛醒了，大叫著掙脫繩子從桌子上面猛跑出去。

對生物學的熱愛，使長大以後的摩爾根更加堅定了從事生物學基礎研究的理

想，他在霍普金斯大學獲得博士學位後，就開始從事實驗胚胎學的研究。那時候孟德爾已經創立了遺傳學，只是後人在他的遺傳學裡又發現了異議，摩爾根便把目光也轉向了對孟德爾的理論研究。在此同時，德弗里斯又在實驗室裡發現了基因突變論，於是摩爾根養很多果蠅，來研究基因突變的規律。

摩爾根對於染色體的發現是從一隻小果蠅開始，他在實驗室裡眾多紅色眼睛的果蠅中，竟然發現了一隻白色眼睛的雄性果蠅，這是一個基因突變的典型。為了不讓牠死去，細心的摩爾根把牠裝進一個透明的玻璃瓶裡，然後帶回家，白天再把牠帶回到實驗室。後來，摩爾根又找到了一隻紅眼睛的雌性果蠅，讓兩隻果蠅交配，發現二代果蠅的眼睛全是紅色的。摩爾根記錄下來這個發現，接著他又讓一隻正常的雄性果蠅與一隻白色眼睛的雌性果蠅交配，在產下的二代中，所有雄性果蠅的眼睛全是一隻白一隻紅，而所有雌性果蠅的眼睛則全部為紅色。

那麼，牠們眼睛的顏色到底是由什麼來決定的呢？透過比對試驗，摩爾根得出這樣一個結論：果蠅眼睛的顏色以及性別的決定因素是一樣的，問題都是出在染色體上，可見染色體就是基因的載體，基因以直線的形式排列在染色體上。有一條白色眼睛基因的X染色體和Y基因的染色體相交，便得到白眼睛的雄果蠅。

所有的生命體都在詮釋著遺傳學理論，當然一隻小果蠅也不例外。

在生物學上一個十分重要的研究內容就是對遺傳學的研究，遺傳學主要研究生物體中促使生物遺傳與變異的基因的結構及其功能。

遺傳學還有許多的分支學科，如果按照群體研究的角度來分類的話，遺傳學可以分為群體遺傳學、生態遺傳學、數量遺傳學和進化遺傳學幾個不同類型的學科。在遺傳學中還有很多是按照研究的問題來劃分的，例如，研究細胞遺傳學的話就要把細胞學和遺傳學這兩個學科結合起來進行研究。

遺傳學的研究有很多的方法可以被利用，其中一個比較有名的方法就是

雜交的方法，在使用這種方法進行研究的時候，需要生物學家考慮的主要因素就是生活週期的長短和體形的大小。還有一個重要的方法就是生物化學的方法，這種方法在分子遺傳學中得到了十分廣泛的應用，成為分子遺傳學研究的一個重要的工具。

小知識：

王子定（1910年4月21日～1987年5月1日），台灣森林學家，主要學術專長是育林學（造林學，含森林保護學等相關子學科），在國立台灣大學森林學系教書33年。

原籍江蘇鎮江，南京金陵大學（美國教會學校）森林學系畢業，1944年留學美國，得明尼蘇達州立大學碩士，1947年起到耶魯大學讀書。

1949年傅斯年校長任內應聘到台灣大學教書，直到退休，曾兼台大森林系主任。

生物學就是一棵枝繁葉茂的大樹

——生物學分支一覽

企圖自殺者登上「植物學之父」的寶座

研究植物的形態、生長發育、生理生態、系統進化、分類以及與人類的關係的一門科學就是植物學，是生物學研究中一個重要的分支學科。植物分類學、植物解剖學、植物生理學、植物生態學和植物地理的研究內容都是植物學研究的分支學科。

施萊登是德國植物學家，細胞學說的創始人之一。大學時代曾在海德堡學習法律，畢業後在漢堡做了一名律師。但施萊登並不適合這個職業，他生性易怒，暴躁無常，成功時意氣風發，失敗時垂頭喪氣，事業上的不順常常使他陷入困境，久而久之，他覺得活著特別無聊，甚至一度想到了自殺，幸好沒有成功。為了從這種困境中擺脫出來，施萊登決定放棄律師行業，改行投入到自己喜歡的植物學研究當中。

施萊登最早學習植物學是受了叔叔的薰陶與指點，當他進入柏林大學學習植物學的時候，他的叔叔和一位朋友也正好在柏林，他們兩人一個是著名的植物生理學家赫克爾，一個是著名的「布朗運動」的發現者布朗，他們很看重施萊登在植物學方面的研究，並在研究領域給予他很大的幫助。

當時在植物界盛傳一種林奈的「林氏24綱」的說法，林奈只是籠統的把植物根據花的數量、形狀和位置分類，可是這種分法根本沒有研究價值，要想對植物獲得正確的認識，或者說想揭示它內在的規律，就必須仔細研究它的生長以及發育史。也就是說，一定要對其結構、功能、受精、發育和生活史進行仔細的考察和研究，才可以對這些植物進行科學的定義和分類。經過一系列的研究，在1837年，施萊登成功完成了論文《論顯花植物胚株的發育

史》。在這篇論文裡，施萊登對植物
學重新定義，認為這是一門包括植物
的化學方面以及生理學在內的綜合性
的學科。

1838年，由布朗指導，施萊登開
始初步探索細胞學，開始轉入對植物
細胞的形成和作用的研究。同年，他
便發表了《植物發生論》並提出了植
物細胞學說。

在細胞學裡，施萊登以嚴謹的科
學態度總結和闡述了自己的觀點，先
從細胞核開始，指出細胞核在發育的
過程中有著重要作用。他認為，植
物無論大小，都是由無數個細胞組成

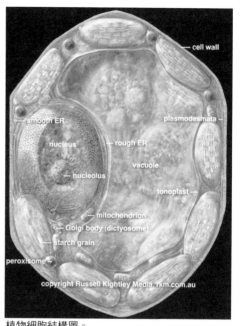

植物細胞結構圖。

的，細胞核逐漸長大，從母體中分裂，形成新的細胞，而每一種植物都是聚
集了細胞的群體，所以每一種植物都有自己獨立發育的過程。

古希臘亞里斯多德的學生提奧夫拉斯圖曾經企圖自殺，但是沒有成功，
而是寫成了《植物歷史》，而後來這位企圖自殺的人卻成為了「植物學之
父」。

西元前的300年，古希臘亞里斯多德的學生提奧夫拉斯圖寫了《植物歷
史》一書，他在書中將植物進行了比較細緻的分類，並且描繪了植物的各個
部分、習性和用途，被認為是植物學研究的開端。

植物學研究的重要任務就是開發、利用、改造和保護植物資源，創造一
個更適合於人類生存的空間環境。

植物學的研究領域十分廣泛，主要包括：形態學研究植物體的結構及形

狀；生理學研究植物功能，與生物化學及生物物理學密切相關；生態學研究植物與環境間的相互作用，在某些方面與生理學相近；系統學研究植物的鑑定和分類。

除此之外還有很多的研究領域，但是所有的研究領域都無一例外地和許多學科密切相關，當然植物學與生活中的很多方面都有密不可分的關係，醫學和有機化學常取材於植物，而農業、林業等等也是以植物學為基礎。

進入了二十世紀以來，植物學又獲得了快速的發展，特別是在植物生理學、生物化學和遺傳學方面取得了很大的成就，不僅促進了經濟的發展，也促進了人類和自然的發展與進步。

小知識：

瓦維洛夫（西元1887年～西元1943年），俄國植物育種學家和遺傳學家，是公認的對植物種群研究做出最大貢獻的學者之一。他根據研究結果提出了一個假說：栽培植物的起源中心應是其野生親緣種顯示最大適應性的地區，並將這個結論寫入《栽培植物起源變異、免疫和繁育》一書中。

被微生物征服的施旺
反而成就了細胞學

細胞是生物體最基本的單位，這是眾所皆知的，而做為生物學上一
個重要學科的細胞學就是一門研究細胞的內部結構以及功能的學
科。生物體的一切活動都是以細胞為基礎的，因此要研究生命體的
結構以及規律就要先研究細胞的結構以及功能。

施旺，德國人，父親是一位金匠。從少年時代起，性格內向的施旺就對
宗教產生了強烈的興趣。十六歲時，他辭別故鄉，進入位於科隆的耶穌教會
學院學習宗教。在學習過程中，他發現自然界以及人類的發展都有著特定的
規律，為了尋找這個規律，他又到柏林學習醫學。當時施萊登已經創立了細
胞學說，1837年施旺有幸結識了比他大六歲的施萊登，進而把細胞學帶入了
動物界。

與施萊登在一起的時光是施旺一生中最有價值也是最難忘的，後來他回
憶說：「關於細胞的一些演變規律是我們談話的主要內容，施萊登曾經說過
細胞在植物裡佔據著舉足輕重的位置，我就立刻聯想到在動物的脊髓細胞中
也有類似的構造，並且感覺這兩種細胞有著異曲同工之處，所以我就想證明
一下，脊索細胞中的細胞是不是有著和植物細胞一樣的作用。」

施旺最先從動物的細胞核開始，來論證動物的細胞中是否也存在細胞
核。實驗的選材是比較謹慎的，施旺選擇的是動物的脊索細胞和軟骨細胞，
它們的結構與植物的細胞壁極為相似。

在對小蝌蚪的觀察實驗中，他居然發現了動物的細胞裡也有細胞核，這
一點與施萊登所描述的植物組織裡面的細胞核極為相似。這個發現讓他欣喜

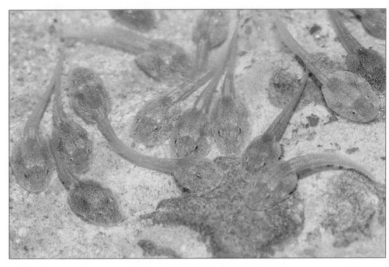

若狂，繼而他又對其他動物也做了相同的觀察，雖然那個時候實驗條件十分有限，即使是用顯微鏡放大幾百倍也難以看清，觀察起來相當費事，但是施旺相信只要有細胞就有細胞核的存在。後來他把這種觀察對象又擴展到動物的皮膚、毛囊、牙齒、肌肉以及脂肪神經等等，透過施旺大量的觀察和不懈的努力，終於觀察出了許多的動物組織裡，都有細胞核的蛛絲馬跡。

1839年，在施萊登的說明下，施旺發表了一篇名為《關於動植物的結構和生長一致性的顯微研究》的論文，論文分為三大部分，條理式地闡述關於細胞的理論。在論文中他這樣寫道：「和植物一樣，動物的組織裡也存在細胞以及細胞核，我們因此可以斷定，植物與動物在其生成與發展的過程中是沒有什麼區別的。」

細胞學一說的建立，激發了人們對探索細胞的熱情，在以後的幾十年間，有關細胞的科學研究成果相繼問世，並將這一類的實驗研究統稱為「細胞生物學」。為了紀念施旺這一領軍人物在細胞界的巨大貢獻，人們把施旺稱為「細胞學之父」。

著名的生物學家施旺曾因為研究微生物失敗而氣餒，後來他與同伴施萊

登一起研究細胞學,並獲得了讓世人矚目的巨大成就。

1838年,施萊登透過實驗,發現了細胞內部有細胞核存在,這個發現成為生物學研究上的一個轟動性事件。自從這一個研究結果公布於眾之後,生物學家們又進行了廣泛而深入的研究,不僅證明施萊登實驗的正確性,施旺還提出了世界上所有動、植物都是由細胞構成的。這些都為細胞學說的形成奠定了堅實的基礎。

接下來就是對細胞形態結構的研究和對細胞功能的研究,這其中就有對細胞質、細胞核的研究和分析。顯微鏡的出現為這些研究提供了更加便利的條件,促使研究能夠順利進行,再加上生物學中其他學科的快速發展,一個新的學科——細胞生物學最終形成了。

小知識:

托斯頓·韋素(西元1924年~),美國神經生理學家。他在學術上的主要成就是透過實驗發現了嬰兒眼部接受的光刺激對將來視覺造成的影響,同時進一步解釋了大腦中的視覺成像原理。1981年,他榮獲諾貝爾生理學或醫學獎。

太守向老農學習養羊之術
學到了農業學精髓要義

農業學是生物學中的一個重要的分支學科，主要包括：從遠古農業
到現代農業的產生、演變過程及特徵；農業的性質、研究對象以及
研究方法；農業與其他學科之間的關係；農業學研究的目的和意
義。

賈思勰是中國古代傑出的農學家，他從小就耳染目濡，懂得了很多農業
知識。

長大以後，他依然對農業有著濃厚的興趣，在高陽郡做太守期間，經常
到山東、河南、河北等地方視察農業，一方面指導另一方面也是請教，進而
讓自己累積了大量的農業知識。

後來，賈思勰卸任回到家鄉，開始耕種養羊，利用自己累積的知識進行
農業生產和放牧，在他切身實驗的過程中，同樣遇到了很多難以解決的問
題，為此他經常請教當地的農夫。

賈思勰曾經餵養過兩百頭羊，遺憾的是那些羊因為飼料不足，經常挨
餓，瘦的皮包骨，最後多半都餓死了。賈思勰在心疼之餘懊悔自己的飼料準
備的不夠充分，第二年，他汲取教訓，種了二十畝大豆，心想，這下足以讓
那些羊吃個飽了。可是事情並不像他想像的那樣樂觀，那些羊依然在逐漸的
死亡，到底是什麼原因呢？

當地有許多經驗豐富的牧羊人，賈思勰經過虛心請教，才知道其中的秘
密，原來，他在餵羊的時候，不管牠們能吃多少，都是把飼料隨便扔進羊圈
餵養，那些飼料在羊蹄子下面踩來踩去，並且還有羊群排泄的糞便，都混在

其中，這樣的飼料羊即使是餓死也不會去吃
的，這就是飼料充足羊也會餓死的原因。

從養羊的事情上，賈思勰明白了一個道
理，那就是要想熟練地掌握農業知識，最有
效的辦法就是向當地百姓請教。所以他不辭
辛勞，跋山涉水走訪河南、河北、山西、山
東等地方的百姓，在田間地頭，在茅舍窩棚
裡，與他們一起促膝請教。

要想種好田，第一步是選種，在談到選
種時，那些有經驗的老農告訴他，一定要選
擇顆粒飽滿、結實圓潤而又色澤鮮亮的的穗
子，然後把穗子高高地懸掛起來，待到來年
春天種到田裡。除此之外，老農們還教他如
何從農作物的莖杆上面判斷農作物適宜生長
的土壤，比如莖杆脆弱一些的可以種在平原

中國著名農學家賈思勰。

低谷，相反那些高寒風大的位置可以選擇莖杆比較強壯的農作物。

從老農那裡學來的這些寶貴經驗，賈思勰都一一記錄下來，回去後做了
條理式的整理，取其精華去其糟粕，寫出了當時最早也是最全面的一部綜合
性農書《齊民要術》。

老農夫是對農業十分瞭解的人，所以太守才向老農夫學習養羊之術，而
這一問卻讓老農夫們道出了農業學的精髓要義。

農業學是生物學中的一個重要的分支學科，主要包括：從遠古農業到現
代農業的產生、演變過程及特徵；農業的性質、研究對象以及研究方法；農
業與其他學科之間的關係；農業學研究的目的和意義。

農業學從一般經濟學體系中分離出來成為一門獨立的學科是在十九世紀

末二十世紀初，第二次世界大戰後，農業學得到了突飛猛進的發展。現代農業學家們更加重視對於農業整體的研究，包括與農業相關的一些學科或者是影響農業發展的因素等等。這些研究都有相對的研究理論以及研究方法，這些研究方法的應用使得農業學有了更好的發展前景。

小知識：

陳兼善（1898年1月22日～1988年8月21日），字達夫，號得一軒主人，台灣動物學家，著有《台灣脊椎動物志》、《普通動物學》等書。

1931年到1934年間留學法國，1934年5月到英國，在大英博物館研究，9月結束留學生活。

1945年10月隨陳儀到台灣，接收台灣總督府博物館，改名台灣省博物館，任館長。

1945年12月應國立台灣大學羅宗洛代理校長聘，出任國立台灣大學教授兼總務長兼動物學系主任（行政職都是首任），仍兼台灣省博物館館長。

1956年轉任台中市東海大學生物學系教授兼主任，1966年退休。

好運氣的薩克斯
奠定實驗植物生理學基礎

植物生理學研究的最終目的就是認識植物的物質代謝以及能量轉化
等規律，透過這種研究目的的實現而促進人們對植物更加深刻的認
識。

薩克斯是波蘭人，小的時候家裡很貧困，他的童年並沒有多少天真爛漫
的笑容，而在記憶中更多的是抹煞不去的苦難。薩克斯父親是一個雕刻藝
人，但是微薄的收入根本無法支撐基本的生活開銷，在薩克斯八個姊妹裡，
有五個因為飢餓與病痛相繼離開人世，悲痛之餘的父母把活下來的孩子當做
全部的希望與寄託，決心好好撫養。

小時候的薩克斯就對來自大自然的無窮奧妙很感興趣，可是家裡實在太
窮了，他很晚才入學。不過薩克斯很珍惜自己得之不易的學習機會，一直很
努力，後來終於以優異的成績考取了伊莉莎白中學。

在薩克斯的人生剛剛開始起步之時，厄運卻再一次降臨到這個不幸的孩
子身上，他的父母雙雙離開人世，這個噩耗帶給十七歲的薩克斯致命的打
擊。他成了孤兒，隨即便離開了只讀一年半的中學。

不過上天並沒有遺忘這個苦難的孩子，他的鄰居是一個研究生理問題的
學者，名叫普金葉，兩家的關係很好，薩克斯從小就跟普金葉的孩子們去父
親的實驗室看那些標本，並經常好奇地問東問西。當時普金葉就曉得這個孩
子不僅在繪畫上有著極高的天賦，而且對大自然也有著濃厚的興趣。薩克斯
的不幸遭遇讓普金葉無比同情，他決心用自己的力量來幫助這個無家可歸的
孩子。

　　1850年，普金葉在布拉格擔任教授，很快他就把薩克斯接到自己身邊做助手，主要從事科學方面的繪畫和研究。薩克斯很勤奮也很刻苦，他利用六年的時間補習了中學落後的課程並順利的考入了大學。1856年，薩克斯又以優異的成績通過博士學位的考試，從此便踏上了科學研究的道路。

　　由於他對植物生理學的執著與熱愛，此後三年的時間裡，他總結和累積了豐富的經驗，而成為全世界植物生理研究領域的權威人物，並在普金葉主辦的《生命》雜誌上相繼發表了十八篇論文。

　　雖然早在十七世紀開始，人們就做過關於植物生理方面很多的研究，也已經開始採用定量法來做一些比較精確的實驗，但是由於一些錯誤觀念的干擾，有的實驗甚至走入了歧途，因為缺乏正確的引導而喪失其科學價值。也正是在這個前提之下，薩克斯創造了水栽植物法來對植物的生長發育做科學的研究。這個實驗有力的證明植物生長所需要的二氧化碳來自空氣而並非土壤。

　　從1861到1865將近五年時間裡，他利用工作之餘寫出了《植物實驗生理學手冊》，進而被世人稱為植物實驗生理學的奠定人。

　　植物生理學是植物學研究的一個重要的分科，也是普通生理學的一個重要的組成部分。

　　植物從其基本組成物質上來看，其實與動物沒有什麼差別，因為它們都是由蛋白質、糖、脂肪和核酸組成的。但是這並不代表植物學的研究沒有價值，植物本身還有很多的特性是動物所沒有的。例如，植物能夠利用太陽能，進行光合作用，並提供給人類賴以生存的氧氣；植物紮根在土中進而形成一種固定的生活環境；植物的某些細胞死亡之後，在適宜的環境下還可以再生或者是分化。植物的這些特性決定了植物生理學在生物學研究中的重要地位。

　　現代植物生理學研究包括很多方面，首先是對植物光合作用的研究，光

合作用是綠色植物的特殊功能;其次是對植物代謝方面的研究,包括合成代謝和分解代謝,這兩個方面的研究是植物生理學研究最重要的課題,也是其他方面研究的基礎。

其他還有許多研究的內容,比如植物呼吸、植物水分生理、植物礦質營養、植物體內運輸等等都是植物生理學研究的內容。這些研究促進了植物生理學的發展,當然也間接地促進了生物學的發展。

小知識:

錢永健(西元1952~),美籍華人生物化學家。他利用化學技術發明出有機染料,與鈣質結合時會戲劇性地改變螢光。此外,還找到了為鈣質「上妝」的方法,使染料無需注射即可穿透細胞壁。2008年,與美國生物學家馬丁・沙爾菲和日本有機化學家兼海洋生物學家下村修一起以綠色螢光蛋白的研究獲得該年度諾貝爾化學獎。

從蠶病到產褥熱
巴斯德無愧「微生物學奠定人」的稱號

微生物學是一門研究生物界各種微小生物的生態結構、功能、分類等方面的一門學科，這些微小的生物體包括一些細菌、放線菌、真菌、病毒等原生動物，還包括單細胞藻類等等。

從最先從事化學實驗到成功研究啤酒發酵以及變質的原因，巴斯德一舉成為法國的知名人物。當時法國南部的養蠶業正遭受一場前所未有的病疫，大量的蠶相繼生病死亡，南方的很多絲綢工廠甚至面臨破產。為了能讓養蠶業起死回生，受農業部長委派的巴斯德放下手頭所有的工作，全力以赴研究蠶的病變原因。

巴斯德臨危受命，趕到蠶疫的重災區阿萊，當他看到那些病蠶的時候，心不由得縮緊了，那些蠶全身都布滿了棕黑色的斑點，像是灑滿了胡椒粉，一個個昂著頭，伸出肢體，彷彿想要抓住救命的稻草一樣，扭曲而痛苦。養蠶人告訴他，有的蠶在孵化不久就死了，而有的蠶雖然能夠僥倖活下來，但是很快就生病死去，甚至有的蠶在孵化出來時就是殘缺不全的。當地人稱

巴斯德對科學做出了許多貢獻，但是他卻以宣導疾病細菌學說、發明預防接種方法而最為聞名。

這種病叫胡椒病，對於胡椒病，他們一直沒有找到有效的治癒辦法。

巴斯德把病蠶帶回到實驗室，在顯微鏡下仔細觀察，發現了一種極其細微的棕色微粒，這是一種會傳染的病菌，就是它感染了蠶寶寶和餵養蠶寶寶的飼料，進而引發了大面積的病變。

為了進一步證實自己的結論，巴斯德毀掉了所有的病

巴斯德正在為患兒診病。

蠶，重新把健康的蠶寶寶放到帶有病菌的蠶葉上，蠶吃了這種桑葉，很快就染病了，甚至上層架子上蠶的糞便掉到下層也會使下層沒吃過病菌桑葉的健康蠶寶寶染病。至此，巴斯德最終斷定，這是一種會傳染的病菌。

找到了病因，也就知道了控制的辦法，巴斯德交代蠶農，嚴格篩選淘汰所有發生病變的蠶蛾，銷毀被污染的桑葉，控制病菌的侵入，遏止病害的蔓延。巴斯德的這個辦法及時有效地挽救了法國的養蠶業。

順著這個思路，巴斯德又開始對產褥熱進行研究。透過進一步的觀察實驗，巴斯德發現，正是由於護理和醫務人員的疏忽，把已經感染此病的婦女身上的微生物帶到了健康婦女身上，進而引起了連鎖反應。

巴斯德曾經說過一段至理名言：「意志、工作、成功，是人生的三大要素。意志將為你打開事業的大門；工作是入室的路徑；這條路徑的盡頭，有個成功來慶賀你努力的結果。」正是由於在微生物方面的巨大成就，使巴斯德成為生物學研究歷史上一個里程碑式的人物。

第**3**篇
生物學就是一棵枝繁葉茂的大樹──生物學分支一覽

　　微生物學研究是現代一些新生物技術的理論與技術基礎，它的一些重要成就為生物學的其他分科奠定了基礎。例如，基因工程、細胞工程、酶工程及發酵工程等等都是以微生物學的發展為基礎的。

　　因此，許多高校都把微生物學做為一門專業課來上。在微生物研究的發展過程中產生了許多微生物研究的操作方法和研究的手法，再加上電子顯微鏡的發明和同位素示蹤原子的應用，推動了微生物學向生物化學階段的發展。

　　經歷了一個多世紀的發展，生物學已經有了很多的分支學科，這些分支學科不斷的完善，也促進微生物學的不斷發展。隨著生物技術廣泛應用，微生物學對現代與未來人類的生產活動及生活必將產生巨大影響。

小知識：

亞歷山大・佛萊明（西元1881年～西元1955年），英國細菌學家，被譽為「抗生素之父」。他首先發現了青黴素，後來英國病理學家弗勞雷、德國生物化學家錢恩進一步研究改進，成功應用於醫療中。青黴素的發現，使人類找到了一種具有強大殺菌作用的藥物，結束了傳染病幾乎無法治療的時代。1945年，佛萊明、弗勞雷和錢恩共同獲得諾貝爾生理學或醫學獎。

從高懸的肖像到第一個罐頭食品誕生
離不開實驗生理學的作用

現代實驗生理學的基礎是內穩態理論，生理學上的每一個巨大成就
的取得，都會給內穩態的機制做出一個闡述。

史帕朗札尼出生於義大利的斯坎迪亞諾鎮，是義大利著名的博物學家、
生理學家和實驗生理學家。史帕朗札尼的家庭比較富裕，父親在當地是一位
很有聲望的律師，他在很小的時候就開始進入艾米里亞耶穌神學院接受良好
的教育。

史帕朗札尼真正對自然科學發生興趣是在上大學的時候，那時他剛進入
波隆那大學學習法律，而他的堂姊芭西恰好在同一所大學任教。在堂姊的影
響下，史帕朗札尼轉行進修自然科學。

生活中，史帕朗札尼善於觀察大自然，經常徒步外出進行科學考察，那
時候關於山間泉水的來源有兩個說法，一個是笛卡兒所說是由海水滲透而來
的，一個是如瓦里斯納里所說的是由雨水和融化的積雪滲入地下流出來的。
透過實地考察，他發現泉水的來源和如瓦里斯納里所說的一樣。史帕朗札尼
對科學的嚴謹和超強的邏輯思維引起了幾位自然界學者的關注，而在此同
時，他也有機會接觸了大量的關於自然發生的思想和著作，並對其做了更進
一步的研究和探索。

史帕朗札尼強烈抨擊當時盛行的生命自然發生說，自然發生說認為生命
是自然發生的，那些飛蛾和蠕蟲等小生命經過露水、黏液再加上糞土一混合
就生出來了，甚至有人說連老鼠都是這種環境下孳生出來的。

直到1668年，義大利醫生雷迪提出了一個新的說法，才推翻了自然發生

說，他研究證明腐肉裡所產生的蛆蟲是蒼蠅的卵。為了進一步探索大自然生命的奧秘，史帕朗札尼做了一個很有意義的實驗，把帶有微生物的液體放進密閉的瓶子裡，高溫沸煮一個小時，液體裡便不再有微生物產生。當然要想不再有微生物產生還有另外一個前提，那就是杜絕空氣的污染。史帕朗札尼的這個實驗既有力地抨擊了自然發生說，又證明微生物透過高溫是可以殺死的。

史帕朗札尼的結論與巴斯德的觀點是完全一致的，巴斯德非常喜歡和讚賞他，甚至特意請人畫了一幅史帕朗札尼的肖像，畫好以後的肖像就掛在自家的餐廳裡面，以便在吃飯時隨時可以看到他。可見，巴斯德對史帕朗札尼是多麼欽佩了。

史帕朗札尼的瓶子實驗啟發了巴斯德，既然高溫能夠殺死微生物，那麼不如把這個做為消毒的辦法用到生活中，用來殺死那些可以使食品發生黴變的細菌。所以在製作罐頭時，巴斯德便研發了這種高溫消毒法，進而延長了罐頭的保存期限。

從高懸的肖像到第一個罐頭食品誕生中間歷經波折，但是值得肯定的一點就是這離不開實驗生理學奠定人的重要作用。

實驗生理學奠定人是著名的生物學家貝爾納，他提出的內環境概念後來就發展成內穩態理論。現代實驗生理學的基礎是內穩態理論，生理學上的每一個巨大成就的取得都會給內穩態的機制做出一個闡述。

在經典生理學完善的過程中出現了許多缺乏嚴密實驗證明的結論，這些結論無法成為一種科學的理論，後來生物學家們又對這些結論進行了修改和論證，漸漸地形成了實驗生理學。

生理學家們都知道實驗心理學重要的理論來源是實驗生理學，奠定了實驗生理學基礎的是十九世紀的一連串的實驗生理學方面的重大的實驗。其中包括以下幾個重要的實驗：

　　第一個是對感覺和運動神經的實驗，證明感覺神經纖維只存在於脊髓後根中，運動神經纖維只存在於脊髓前根，這兩種纖維可以混合。第二個研究實驗是對特殊神經官能的研究試驗，其他的還有對腦機能的定位、反射動作、神經衝動傳導速率的研究實驗，所有的這些實驗都促進了實驗生理學的快速發展。

小知識：

萊德伯格（西元1925年～西元2008年），美國遺傳學家，細菌遺傳學的創始人之一。他的研究工作開創了細菌遺傳學，並對於其他一些領域帶來重要的影響。1958年，他和G·W·比德爾和E·L·塔特姆共同獲得諾貝爾生理學或醫學獎。

忙於社交的科學家創立分子生物學

生物學家們透過研究生物大分子的結構、功能和生物合成等就能夠
闡明各種生命現象的本質，這種在分子水準上對生命現象進行的研
究就是分子生物學。分子生物學的研究內容十分廣泛，對於各種生
命過程的研究都可以歸於分子生物學的研究範疇。

幾乎所有的人都會認為，要做一件事情必須拿出所有的熱情和精力全力
以赴，才有成功的機會。但是詹姆斯・沃森卻這樣告誡我們：「如果你要想
成功的完成一件大事，不妨降低一下你的工作量。」

詹姆斯・沃森1928年出生於美國的芝加哥，這是一個有著良好生活情調
的家庭，他的母親是一位性格外向的黑髮美人，同時也是一位民主黨的忠實
擁護者，每逢遇到大選的時候，他家甚至會成為民主黨的地下投票站。而他
的父親是一所學校的老師，父親一向喜歡看書和養鳥，他不僅經常向兒子推
薦好書，而且還有意識地培養兒子在生物方面的興趣。

學生時代的詹姆斯・沃森太平凡不過，學業成績一般，而且性格孤僻，
體弱多病，幾乎在各個方面都沒有什麼可值得一提的，甚至他的同學都當面
評價他「長大以後也不會有什麼大出息」。可是他的幾位老師卻不這樣看，
總認為這個學生將來會在某個領域有所作為。

詹姆斯・沃森在十五歲那年考上了芝加哥大學，在大學裡，他的主要選
修課程是鳥類的生存以及鳥類的病毒。後來在拿坡里的一次學術會議上，他
偶然看到了一張模糊不清的DNA圖片，從此便對 DNA發生了興趣。

很快，他便有幸和法蘭西斯・克里克一起發現了遺傳物質DNA具有雙螺
旋構造，並一起獲得了1962年諾貝爾生理學或醫學獎。

可是在後來的回憶錄中，詹姆斯・沃森並沒有過多地談及自己是如何歷

經艱難險阻登上科學高峰的，而是用一種調侃的語調講述自己是如何爬山涉水，如何歡度假期，甚至是如何追求漂亮女生的。他總是能夠抽出精力去參加世界各地有關生物學的會議，在途中的所見所聞和會議上來自各國專家們的意見給了他很大的幫助和啟發，進而使他能夠在科學領域更進一步。

分子生物學的建立是生物學研究史上一個重要的里程碑似的成就，但是誰會想到創立分子生物學的竟然是一個忙於社交的科學家呢？

進入二十世紀以來，分子生物學的研究得到了長足的進展，成為生物學研究的領航者，主要致力於研究生物體的蛋白質體系、蛋白質-核酸體系和蛋白質-脂質體系。分子生物學的基礎是對生物大分子的研究，隨著生物科學技術的快速發展，電子顯微鏡被廣泛地應用在生物大分子的研究上，並且獲得了十分顯著的成就。這些成就也說明：生命活動的根本規律在形形色色的生物體中都是統一的。

分子生物學做為現代生物技術高速發展的一個表現，不僅有利於生物科技的發展，更是有利於人類的發展，因為分子生物學的很多研究成果都可以被應用到現實生活中。它做為現代科學的一門綜合科學，其意義不僅僅表現在純粹的科學價值上，更為重要的是它的發展關係到人類自身的方面。例如，現在應用的比較廣泛的親子鑑定就是利用分子生物學的原理。

小知識：

艾米爾·費歇爾（西元1852年～西元1919年），德國生物化學家，生物化學的創始人。他一生主要研究糖和嘌呤衍生物的合成，並提出「生命是蛋白體的存在方式」這一論斷。用現代的觀點來看，「蛋白體」實際上就是蛋白質和核酸的複合體。鑑於這一點，可見費歇爾研究工作的重要意義，他為現代蛋白質和核酸的研究奠定了一個重要的基礎。1902年，艾米爾·費歇爾獲得諾貝爾化學獎。

第**3**篇
生物學就是一棵枝繁葉茂的大樹——生物學分支一覽

「大自然獵人」威爾遜與動物學

動物學主要研究動物的生存和發展，是生物學中一個十分重要的分支學科。它包含內容十分廣泛，涉及到動物的種類、形態結構等諸多的方面。

威爾遜有一個特殊的稱呼，叫做「螞蟻先生」，這是因為他酷愛小生物，並且經常觀察和研究螞蟻的生活習性。

威爾遜生性好動，特別是在小時候，他頑劣的表現甚至讓父母都感到頭痛，覺得這個孩子簡直是無法教育，不過長大以後的威爾遜卻與小時候判若兩人。由於對生物的熱愛，他潛心投入對生物學的探索和研究中，他甚至表示，如果有可能的話，自己願意進入到微生物的世界裡去生活。

他所研究和觀察的動物種類極為廣泛，從大海到陸地，從鳥類到脊椎動物，在累積了多年的研究成果之後，他於1975年出版了《社會生物學——新綜合理論》一書。在這本書裡，他對動物的行為進行了充分的解釋與描繪，利他主義在這裡也得到了很好的詮釋和註解，從小螞蟻到大猩猩，所有的動物都存在這個行為基礎。他把這個行為基礎延伸到人類的行為中，認為人類與動物在這一點上有相似之處。

威爾遜的這一觀點遭到了許多批評家的指責，他們無法接受人類的行為來自於生物行為基礎這個說法，堅持認為人類特有的高貴基因決定了人的本性。那些批評家們甚至說威爾遜的這一觀點將會給帝國主義、性別歧視，甚至是種族歧視提供一個合法的依據，進而成為違法犯罪者的保護傘。在1978年的一次學術會議上，一位來自左翼組織的批評者拿起一杯冰水倒在了威爾遜的頭上，嘴裡還說著：「你是個不受歡迎的傢伙。」

2000年，威爾遜又出版了《世紀之交的社會生物學》一書，批評家們認

為威爾遜的觀點是一種不負責任的還原論，針對這一指責，威爾遜進行了反駁。他認為自己沒有濫用還原論，嚴格地說，原著中所提到的觀點不是還原論，而是互動論，並且一個嚴肅的學者是不會把人類的行為跟動物的行為籠統地歸為一類，而忽略文化所引起的作用。

被稱為「大自然獵人」的威爾遜與動物學的發展有著密不可分的關係。

動物學可以有很多劃分，但是根據傳統的分法，可以把動物學分為六個重要的分支學科，即動物形態學、動物生理學、動物分類學、動物生態學、動物地理學和動物遺傳學。

研究動物學需要掌握一定的方法，一般通用的方法有以下的三種：

第一，描述法。顧名思義，就是對動物的形態及其結構進行客觀描述，描述的結果用一種科學的方法記錄下來。

第二，比較法。透過用比較的方法可以認識到生物體與生物體之間的相互關係，這樣就能找出異同點。

第三，實驗法。透過這種理性的方法能使生物學家更加清楚地認識生物學的基本規律。

動物學並不是一門孤立的學科，它和其他的學科有著十分密切的關係。隨著生物科技的快速發展，動物學一定會取得更大的進步。

小知識：

柯赫（西元1843年～西元1910年），德國細菌學家。他對微生物學有卓越貢獻，和巴斯德一起被公認為近代微生物學的奠定人。他畢生研究成果極豐富，可歸納為兩個方面，即建立了研究微生物的基本操作及證實了疾病的病原菌學說。因對結核菌的一系列研究獲得1905年諾貝爾生理學或醫學獎。

揭開基因之謎
離不開生物資訊學的功勞

生物資訊學是在生命科學的研究中，以電腦為工具對生物資訊進行儲存、檢索和分析的科學。其研究重點主要表現在基因組學和蛋白學兩方面，具體說就是從核酸和蛋白質序列出發，分析序列中表達的結構功能的生物資訊。

2007年，漢普郡瓦拉維養鴨場出現轟動世界的四條腿的鴨子，該鴨子的主人45歲的尼凱‧詹納維稱：「斯塔姆佩出生的時候，我就給芝加哥大學的保羅‧維克奈特發了一封求助郵件。保羅‧維克奈特表示他會對四條腿的鴨子進行採取血液樣本和小組織樣本，以供研究和解答基因突變的問題。」

尼凱‧詹納維女士和丈夫保羅經營養鴨場有五年的歷史，該養鴨場大約有三千隻鴨子，出現四條腿的還是頭一次。尼凱‧詹納維給四條腿的鴨子取了名字，叫斯塔姆佩。斯塔姆佩多餘的兩條腿長在牠用來走路的兩條腿後面，遺憾的是斯塔姆佩的一條腿不小心陷入了雞網，不幸失去了。2008年4月，牠的第三條腿也斷掉了，現在牠和一般的鴨子沒有什麼區別了。

保羅‧維克奈特說斯塔姆佩之所以擁有多餘的兩條腿，完全是一種基因突變的結果，目前科學小組正在進行研究，不久之後就會得到答案。這一研究成果可能會對人類基因突變研究做出重要的貢獻。

基因之謎是困擾生物學家們很多年的一個謎團，而後來基因之謎的解開還要歸功於生物資訊學所發揮的重要作用。

生物資訊學是在生命科學的研究中，以電腦為工具對生物資訊進行儲

存、檢索和分析的科學。它是當今生命科學和自然科學的前沿領域之一，同時也將是二十一世紀自然科學的核心領域之一。其研究重點主要表現在基因組學和和蛋白學兩方面，具體說就是從核酸和蛋白質序列出發，分析序列中表達的結構功能的生物資訊。

目前的生物資訊學基本上只是分子生物學與資訊技術的結合體。生物資訊學的研究材料和結果就是各式各樣的生物學資料，其研究工具是電腦，研究方法包括對生物學資料的搜尋、處理以及很好的利用。進入二十世紀九〇年代以來，伴隨著各種基因組測序計畫的展開和分子結構測定技術的突破和網際網路的普及，數以百計的生物學資料庫如雨後春筍般迅速出現和成長。

生物資訊學發展的短短十幾年間，已經形成了多個研究方向。例如，序列比對、蛋白質結構比對和預測、基因識別和非編碼區分析研究、分子進化和比較基因組學、序列重疊群裝配、遺傳密碼的起源、基於結構的藥物設計、生物系統的建模和模擬、生物資訊學技術方法的研究等等。

生物資訊學的發展，也必將對人類的生產和生活產生重要的影響。

小知識：

F・A・李普曼（西元1899年～西元1986年），德裔美國生物化學家。他最主要的貢獻是發現並分離出輔酶A，並證明其對生理代謝的重要性。1953年，他榮獲諾貝爾生理學或醫學獎。

苦盡甘來的格斯耐
在自然史上的研究包括形態學內容

形態學要求把生命形式當做有機的系統來看待，這種觀點不只是注重部分的微觀分析，而是從總體的角度來思考和分析各種問題。

格斯耐，瑞士生物學家，出生於瑞士蘇黎世城一個貧困的皮匠家裡。家庭經濟條件的拮据讓小時候的格斯耐過早地嚐到了生活的艱辛，不過有父親辛苦的工作，他們還勉強可以度日。誰也沒想到，天有不測風雲，就在格斯耐十五歲那年，父親在卡帕爾的一次戰鬥中失去了生命，從此格斯耐的日子便像掉進了一個無底的深淵，不僅不能繼續上學，連基本的生活都難以維持了。

好在天無絕人之路，好心的叔叔收養了苦命的格斯耐。他的叔叔是一個植物學家，在跟著叔叔生活的日子，讓格斯耐懂得了很多植物學方面的知識。逆境中長大的孩子有一種常人無法比擬的奮鬥精神，格斯耐靠勤奮好學為自己爭取了繼續上學的機會。從此以後，他便帶著學校給的獎學金踏上了理想的旅途，從蘇黎世到斯特拉斯堡，繼而又到法國留學深造。

基於當時教會的統治勢力，國家對於接受獎學金的人有一個硬性規定，凡是取得獎學金的人必須把宗教神學做為主修課程，而癡迷於生物以及自然研究的格斯耐卻把神學冷落在一旁。特別是到了法國，格斯耐把大部分的精力都投入在對醫學和自然史的研究中。他的這個行為惹惱了校方並被指責為不務正業，同時取消了給他的獎學金。沒有了經濟來源的格斯耐只好再次輟學回到家鄉，開始教書度日的生活。

十五世紀早期，歐洲資本主義生產方式逐漸形成，而被禁錮了幾百年的

自然科學以及生物科學都得到了長足的發展，此時的教會的立場也開始轉變。在這種新形勢下，格斯耐對醫學和自然史的研究又重新得到了認可。不僅被再次授予獎學金，而且又回到了夢寐以求的學校。

格斯耐在自然史上的研究中包括了形態學的內容。形態學做為生物學的主要分支學科，從廣義上來說，主要研究生物的細胞以及細胞的形態及其功能；從狹義上來說，就是對生物體的個體的外形及功能的研究。

形態學要求把生命形式當做有機的系統看待，這種觀點不只是注重部分的微觀分析，而是從總體的角度來思考和分析各種問題。形態學做為一個綜合性的學科，其內容也十分廣泛，既包括植物形態學又包括動物形態學。

在植物學的領域中，形態學是十八世紀後半期根據沃爾夫的葉和花有同一起源的論點做基礎的，接著這項理論又得到很多生物學家的實驗驗證。在動物學領域中，從十八世紀後半期到十九世紀初，與形態學對立的居維埃的生理形態學和傑弗洛、聖-希拉利的純形態學產生了，這種形態學的出現是生物學上的一個巨大的進步。

形態學做為生物學研究領域的一個重要的學科，在生物學研究歷史中有著十分重要的地位，只有把握好形態學的性質及其研究方法才能夠更好地瞭解生物學。

小知識：

H・A・克雷布斯（西元1900年～西元1981年），德裔英國生物化學家。他在1930年發現了哺乳動物體內尿素合成的途徑，在1937 年又提出了三羧酸循環理論，並解釋了身體內所需能量的產生過程和糖、脂肪、蛋白質的相互關係及相互轉變機理，並於1953年獲諾貝爾生理學或醫學獎。

神秘僧侶醫治王子血友病
開啟治療生物學遺傳病的新課題

遺傳性疾病，是指父母的生殖細胞，也就是精子和卵子裡攜帶有病基因，然後傳給子女並引起發病，而且這些子女結婚後還會把病傳給下一代。這種代代相傳的疾病，醫學上稱之為遺傳病。

1840年2月，二十一歲的維多利亞女王嫁給了她的表哥阿爾拔親王。這本是一段美好姻緣，卻使她的個人生活陷入了巨大的不幸當中，另外還有四個歐洲皇室家族也慘遭波及。因為維多利亞女王本人是「甲型血友病」患者，這種疾病極易透過女性遺傳給後代，尤其是近親婚姻的遺傳比例更高達90％以上。

維多利亞女王的「全家福」看起來非常幸福，不幸的是，整個家族深受血友病的困擾。

　　維多利亞女王共生育了九個孩子，近親結合的關係嚴重影響了子女的健康。四位王子中有三位都罹患了「血友病」。五位公主儘管外表如常，卻繼承了看不見的「血友病遺傳基因」。所以當她們分別嫁入西班牙、俄國和歐洲的其他皇室時，毫無懸念地將與之聯姻的各國皇室都攪入了「血友病」的泥坑之中。歐洲諸多皇室為此而惶恐不安，但當時的人們並不知道其中原因，因此又將血友病稱為「皇室病」。

　　俄國末代沙皇尼古拉二世，當他還是王子的時候，在奧地利遇到英國維多利亞女王的外孫女亞歷桑德拉，兩人一見鍾情。尼古拉繼承王位一個月後，就與亞歷桑德拉舉行了結婚典禮。

　　尼古拉二世夫婦育有四女一男，不幸的是，男孩阿列克謝患有先天性血友病，經常會無故流血不止，引得皇室家族十分驚恐。他們不知道，這種傳男不傳女的血液病基因，是由英國維多利亞女王及其後代傳播到整個歐洲皇室的。最終，王子的病情讓皇室想起了神秘僧侶拉斯浦汀。

　　拉斯浦汀是亞歷桑德拉皇后的一位密友安婭介紹來的。有一次，安婭乘火車時意外受傷，一直昏迷不醒，就連醫生也無能為力。這時，一位叫拉斯浦汀的神秘僧侶突然出現，抓著安婭的手，不斷呼喊她的名字，安婭竟然奇蹟般甦醒過來。從此，拉斯浦汀在很多人心目中成為了神的化身。

　　皇后對這位神秘僧侶產生了濃厚的興趣，並讓他為自己的兒子阿列克謝治病。神奇的是，拉斯浦汀立即治好了王子的流血。這下，拉斯浦汀的神秘力量為皇室乃至整個俄國崇拜和折服，他的威望甚至超出了沙皇尼古拉斯二世。

　　不過，拉斯浦汀沒有逃脫命運的安排，他與皇后偷情，引起人們廣泛議論和不滿。結果，他被人謀殺了。恰在此時，俄國十月革命爆發，沙皇時代終結，皇室成員有的被捕，有的踏上逃亡之路。據說，王子阿列克謝由於身體狀況很差，在逃亡的路上死去了。

血友病只是眾多血液類疾病的一種。這種病的成因有兩種：一是天生的，二是後天的某種疾病和特殊原因造成的。其中先天性的血液病常常和家族遺傳有關，從娘胎中就已經形成。王后的情人意外治好血友病著實令人大吃一驚，但是這樣一個奇蹟卻開啟治療生物學遺傳病的新課題。

遺傳病的種類大致可分為三類：

一、單基因病：常常表現出功能性的改變，不能造出某種蛋白質，代謝功能紊亂，形成代謝性遺傳病。單基因病又分為顯性遺傳、隱性遺傳和性鏈鎖遺傳。

二、多基因遺傳：是由多種基因變化影響引起，是基因與性狀的關係，人的性狀如身長、體型、智力、膚色和血壓等均為多基因遺傳，還有唇裂、顎裂也是多基因遺傳。此外多基因遺傳受環境因素的影響較大，如哮喘病、精神分裂症等。

三、染色體異常：由於染色體數目異常或排列位置異常等產生，最常見的如先天愚型。

小知識：

何賽（西元1887年～西元1971年），阿根廷生物學家。他在二十世紀初開始研究腦下垂體前葉激素對糖代謝的作用，為臨床治療糖尿病提供了理論依據，並製作了胰島素分子示意圖。1947年，他榮獲諾貝爾生理學或醫學獎。

道士求來的「仙方」原來是免疫學的基礎

免疫系統是生物體最重要的防禦系統，是身體防衛病原體入侵最有效的武器，它能發現並清除異物、外來病原微生物等引起內環境波動的因素，而免疫學就是研究免疫系統的一門學科。

天花是一種烈性的傳染病，由感染痘病毒所引起。痘病毒又被稱做天花病毒，這是一種與炭疽桿菌的毒性不相上下的病毒，並且隨著空氣就可以傳播，被傳染上此病毒的人最多不超過十天，便會出現打冷顫、高燒、噁心、便秘以及失眠，還有的會伴有抽搐和精神恍惚。接著，病人的皮下組織開始出現紅疹，幾天後形成膿皰疹，膿皰疹開始潰爛，最後結痂脫落，病人全身都會有紅疹留下的痕跡，俗稱「麻斑」。重度的病人還會引起敗血症、骨髓炎、腦炎、腦膜炎等併發症而引起死亡。

北宋丞相王旦的長子便是感染了這種病毒而死亡的，為了避免更多的人感染這種病毒，王旦特地從全國召集許多醫術高明的醫生、術士等一起研究治療和預防天花病毒的辦法。其中有一位從峨眉山來的道士，他發現凡是得過天花的人終生都不會再感染這種病毒，便針對這個現象發明人痘接種的辦法。具體的步驟是：把得病的人紅疹瘡漿用棉球沾上，然後塗到剛出生的小嬰兒的身上，或者是將那些結痂研磨成細粉，吹進小嬰兒的鼻孔中，這樣就使體內產生抗體，進而達到預防天花的目的。

人痘接種法便是免疫法的初期形式，也是免疫學的雛形。這種預防天花的辦法很快就傳到了外國，在康熙年間，俄羅斯帝國還專門派人到中國來學習人痘接種法。乾隆十七年，隨著《醫宗金鑑》這本書傳到日本，人痘接種

法便隨之傳到日本，後又傳到朝鮮。十八世紀中期，中國的人痘接種法已經傳遍了歐亞許多國家，英國人琴納由此受到了啟發而發明了牛痘接種法進而替代了人痘接種。

道士求來的「仙方」其實是免疫學的基礎，這一點恐怕是他所沒有想到的。

免疫從通俗上來說，就是生物體為了保護自己而排斥其他有害物體的一種生物體特有的一種防禦的功能，也可以叫做生物體的一種普遍的生物現象。更進一步地說，生物體的免疫系統就是指生物體對一些刺激的免疫性的應答。

生命科學的三大支柱學科是免疫學、神經生物學和分子生物學，免疫學為其中的一個重要學科，對人的生命健康有著舉足輕重的作用。

在十九世紀末，法國生物學家巴斯德致力於研究人以及動物的傳染病，在研究的過程中，他發現了人和動物的免疫系統，這也是對免疫學的比較早的研究。到了二十世紀六〇年代，生物學家們已經發現了抗體的分子結構和功能，這也說明了對免疫學的研究達到了一個比較完善的水準。

如今，隨著科學技術的進步，免疫學的發展前景將更加廣闊。

小知識：

保羅・赫爾曼・穆勒（西元1899年～西元1965年），瑞士化學家。1939年秋，他發現了DDT的殺蟲功效，因此在1948年得到諾貝爾生理學或醫學獎，這是首次由非生理學家得此殊榮。

「迷失的城市」
為生態學的進一步研究提出了新課題

對於生物體與其周圍環境的相互關係進行研究的一門學科就被稱為
是生態學。主要包括四個方面：種群的自然調節、物種間的相互依
賴和相互制約、物質的循環再生、生物與環境的交互作用，而這些
都與大自然的基本規律密不可分。

大自然到底蘊藏著多少奧妙，沒有人能夠弄清楚，許多科學家一直在孜
孜不倦地探索與研究，並為此奉獻畢生的精力。

2000年，在美國的《科學期刊》上曾經發表一則消息，其內容是科學家
們在研究大西洋中部海脊的時候發現了一種全新的生態系統，它地處北緯30
度，位於一個叫做「迷失城市」的熱液噴口處。令人稱奇的是，科學家們先
前所發現的海洋底部的熱液噴口聳立的全是黑色的煙囪，而這座被稱為「迷
失城市」裡面所聳立的煙囪竟然全是白色的。

這到底是什麼原因呢？帶著這樣的疑問，在2003年，華盛頓大學的黛博
拉‧凱萊帶著其他幾位科學家返回到大西洋底部，開始對這個「迷失城市」
進行一次全方位的分析和研究。

黑色的煙囪自有它特定的形成環境，在大洋底部，當華氏700度高溫的熱
水噴湧而出，接觸到冰冷的大洋水時，熱水中所攜帶的礦物質會迅速形成結
晶，這就是黑色煙囪形成的原因。而形成白色煙囪的熱水溫度只有150°到
170°之間，兩者的溫度差異太大，並且與黑色煙囪周圍的環境呈現強酸性
有所不同的是，白色煙囪周圍的環境呈現鹼性。

再次進入大西洋，這些人又有了更多的發現，當科學家們清除了白色煙

神奇的海底世界。

囪表面的物質以後，驚奇地看到這上面竟然黏附著很多小生物。相對黑色煙囪周圍生活的8英寸長的管狀海蚯蚓來說，這裡的生物卻是極為微小，身長不足半英寸，並且還是透明或者半透明狀的，像小蝦和螃蟹，牠們隱藏在角落裡或者是裂縫中。雖然數量不及黑色煙囪周圍的多，但是種類卻不比黑色煙囪周圍的少。

領銜研究「迷失城市」的科學家黛博拉‧凱萊為此發表感言道：「在過去二十年的時間裡，我們把精力都用在對海洋的探索上，原以為在一定程度上瞭解了海洋，但是這個新生命形式的發現，讓我們覺得人類對海洋的探索才剛剛開始。」

「迷失的城市」中表現了突破傳統意義上的生態學的基本觀點，讓生物學家們重新認識了生態學的基本原理、各種分支以及在生產生活上的應用等等。

目前人們對於生態學的認識已經到了比較完善的程度，它已經成為一門擁有自己的研究對象、任務和方法的比較完整和獨立的學科。生態學第一次

正式走進人們的視野是在1866年，在這一年，德國動物學家赫克爾第一次給生態學下了一個完整的定義，這是生物學研究史上對生態學的首次定義，從此揭開了生態學發展的序幕。之後，又有很多生物學者對這一觀點進行了一系列的驗證和分析，進而促進了生態學的完善。

生態學的基本原理主要有四個方面的內容：個體生態、種群生態、群落生態和生態系統生態，這個基本原理是模仿自然生態系統而建立起的一種人類社會組織。

生態學能夠造福於人類的一個重要方面就是對自然環境的良性改造，而在此基礎上提出的適應自然發展的觀點有：實施可持續發展、注重人與自然和諧發展和生態倫理道德觀。

小知識：

約翰・考德雷・肯德魯（西元1917年～西元1997年），英國生物化學家。1960年，他首先測定出血紅蛋白分子的原子結構，證實它由約12000個原子組成，並於1962年獲得諾貝爾生理學或醫學獎。

李鎮源研究臺灣蝮蛇
對生物化學的貢獻

生物化學是用化學的原理和方法，研究生命現象的學科。透過研究生物體的化學組成、代謝、營養、酶功能、遺傳資訊傳遞、生物膜、細胞結構及分子病等闡明生命現象。

「一定要做一些有意義的事情，一定要為這個世界留下一點東西」，這是李鎮源年幼時就立下的一個志願。李鎮源出生在臺灣一個極為普通的家庭，由於父親、大哥、大姊、妹妹都相繼染病去世，小時候的他不僅沒有嚐到童年的歡樂，還過早地嚐到失去親人的悲痛與傷心。為了不讓更多的人有著像自己悲苦的命運，李鎮源立志長大要成為一個醫生，為更多的患者解除病痛。

帶著這個志願，1940年，李鎮源在臺北大學第一期畢業，第二期開始的時候他就毅然選擇了冷門的基礎醫學。李鎮源之所以這麼做，原因有兩個：其一，他在醫學部四年的學習期間，對科學研究產生了濃厚興趣；其二，藥理系的杜聰明教授是一位中國人，這種同族同根的民族立場使他願意跟隨杜聰明教授選擇基礎醫學。

有了杜聰明教授的指點與引導，李鎮源開始大踏步走向藥理學的神秘領域。杜聰明曾經說過：「我們的科學研究一定要有著自己的特色，有自己獨特的見解和發現。」為此，他要求學生在鴉片或者蛇毒裡面選擇一樣做為研究課題，鑑於臺灣的毒蛇種類很多，每年都會有很多人被毒蛇咬傷，但是他們並不知道蛇毒的機理，所以當時李鎮源選擇的是蛇毒。

杜聰明教授讓李鎮源把臺灣的蝮蛇做為研究對象，著重研究蝮蛇的蛇

毒。在研究中，李鎮源發現蛇毒從其毒性上來說可分為兩種，一類是神經毒，一類是出血毒。這是由不同性質的蛇分泌的，分泌神經毒的蛇主要是溝牙科或眼鏡蛇科的毒蛇，而出血毒是由響尾蛇科與蝮蛇科毒蛇分泌的。

在研究中，他還發現了一個奇怪的現象，就拿鎖鏈蛇來說，產於印度的鎖鏈蛇的蛇毒會引起出血現象，而臺灣的鎖鏈蛇卻不會引起出血，這是為什麼呢？當時許多研究蛇毒的學者對此眾說紛紜，甚至有的專家猜測說這也許是神經性蛇毒，而非出血毒，李鎮源並沒有輕易認可這種說法，又做了大量而仔細的研究和試驗。結果發現，這種蛇毒在進入被咬者的血液以後，會立即引起血液的凝固，進而導致死亡。

這個發現被李鎮源寫在論文裡，讓他在1945年獲得了醫學博士學位。

李鎮源研究臺灣蝮蛇對生物化學的研究有著積極的促進作用。

生物化學是生物學的一個重要的分支學科。在生物學上，生命物質都是有一定的化學組成、結構以及在生命活動中的各種化學變化的，生物化學就是以此為基礎的生物科學。

生物化學按照不同的劃分方法，可以劃分為不同的種類，例如，以不同的生物為對象就可分為動物生化、植物生化、微生物生化、昆蟲生化等；要是以生物體的不同組織為研究對象，就可分為肌肉生化、神經生化、免疫生化、生物力能學等，當然還有很多其他的劃分方法。

生物化學的研究種類內容十分廣泛，可以分為以下幾個大的種類：新陳代謝與代謝調節控制、生物大分子的結構與功能、酶學研究、生物膜和生物力能學、激素與維生素、生命的起源與進化、方法學。

生物化學對其他各門生物學科的深刻影響，首先反映在與其關係比較密切的細胞學、微生物學、遺傳學、生理學等領域。除此之外，生物化學做為生物學和物理學之間的橋樑，還對物理學產生了重大的影響，並由此形成了生物物理學。

小知識：

N・R・芬森（西元1860年～西元1904年）：丹麥
醫學家。由於發現利用光輻射治療狼瘡，而被授予
1903年度諾貝爾生理學或醫學獎。主要著作有《光
學光線和天花》、《光線做為刺激物》、《論集中
化學光輻射在醫學上的應用》等。

不怕妖怪的居維葉
癡迷古生物學研究

古生物學是生物學的一個重要的分支學科，同時也屬於生命科學和地球科學。古生物學主要研究生物的生命起源、發展歷史、進化過程等等，分為古植物學和古動物學兩個較大的分支學科，也包括其他的分支學科，例如古藻類學、古人類學等等。

居維葉是法國著名生物學家，他小時候十分喜歡閱讀昆蟲學家布封的書，對自然科學產生濃厚的興趣。

有一年夏天，他看到螞蟻的洞口堆積著小山似的沙土，便趴在那裡細心觀察。結果沒有注意到天氣變化，黑雲壓頂也不知道躲避，被淋成了落湯雞。

居維葉深深地迷戀著各種生物，大學畢業後就在巴黎自然史博物館找了份工作，研究陳列的骨骼標本。漸漸地，標本不能滿足他的研究需要，於是就開始四處尋找動物屍體，並把牠們製作成標本，搬回博物館。

經過多年努力，居維葉瞭解了動物身體的結構特點，發現每個器官在功能上都是有關聯的。比如，某種動物是吃肉的，那麼牠的牙齒一定適合咀嚼肉類，感覺器官善於發現獵物，四肢則擅長奔跑等等。

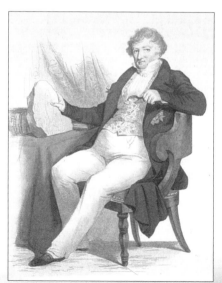

居維葉畫像。

在居維葉埋頭研究時，曾經發生過一件趣事。

這天夜裡，辛勤工作後的居維葉很快入睡了，忽然臥室的門「砰」一聲被撞開，把居維葉驚醒了。他睜開眼睛，看到一個毛茸茸的怪物站在床頭，正張牙舞爪地對著自己，並發出奇怪的叫聲。居維葉仔細一看，這隻怪物皮毛是橙色的，頭上長著又尖又長的角，一雙眼睛好似銅鈴般大小，牙齒整齊。再看牠的下半身，竟然長著鐵錘般的大蹄子。觀察完畢，居維葉說道：「怪物先生，我並不害怕，你還是不要打擾我的好夢了！」說完，他倒頭大睡。

第二天，居維葉來到博物館工作，他的一名學生興沖沖地上前問道：「先生，昨天夜裡您看見怪物了嗎？」

「看見了，」居維葉平靜地回答，「可是我一點也沒有怕牠。」

學生很吃驚：「為什麼您不怕怪物？難道牠不夠可怕嗎？」原來，昨天夜裡正是這位學生假扮「怪物」，去嚇唬居維葉的，沒想到老師居然若無其事。

居維葉笑了笑，對學生分析道：「我看到怪物頭上有角，並且長著鐵錘般的大蹄子，根據動物特性，判斷牠應該是草食性動物。你想，草食性動物只吃草，不吃肉，我怕牠做什麼！」

居維葉不僅可以憑藉動物的一兩樣外貌判斷動物特性，還可以根據一個器官推斷整個動物的身體結構。

有一回，人們在巴黎近郊發現了一種哺乳動物化石，居維葉也在現場，當他看到剛剛露出泥土的頭部化石時，就斷定說：「這是一種有袋類負鼠，在牠的腹部肯定有塊支撐袋子的袋骨。」結果挖出來一看，果不其然。為了紀念這件事，人們把這種化石命名「居維葉負鼠」。

不怕妖怪的居維葉曾經十分癡迷於對古生物學的研究，當然他的研究為古生物學的出現、發展和演變有著重要的推動的作用。

古生物學主要研究生物的生命起源、發展歷史和進化過程，而在這種研究的過程中就無可避免地會涉及到生物的化石、遺跡等內容，這也促使生物學家們掌握地質學方面的各種知識。因此古生物學就成為了一個相互交會的學科，不僅研究生命科學，還要研究地球科學。

恐龍化石。

古生物學的研究範圍十分廣泛，主要的研究內容有古生物的進化、進步性進化、階段性進化、古生物的分類系統等等。在古生物進化論中就指出生物進化是不可逆轉的，還有生物之間的相關性以及生物的重演律，這些都是生物學上重要的理論。

小知識：

查理斯‧路易絲‧阿馮斯‧拉韋朗（西元1845年～西元1922年），法國病理學家、寄生蟲學家，因發現瘧原蟲及後來對瘧原蟲病的研究而獲得1907年諾貝爾生理或醫學獎。在錐蟲病、利什曼病及其他原蟲病的研究方面，他也取得了成果。著有《錐蟲與錐蟲病》、《沼澤熱及其致病微生物》、《軍隊的疾病與流行病》等。

美洲送給歐洲的「禮物」
屬於病毒學研究範圍

病毒學是研究地球上生物病毒的一門學科。病毒是地球生物圈中的一類生物因子，而人類也在不斷地認識它的本質和生命規律，經歷了一個世紀的探索，病毒學獲得了巨大的發展，已經成為生物學的一個重要的分支學科。

說起哥倫布，人們無不對他發現新大陸的功績豎起大拇指。然而，這位偉大人物的背後，卻有不為人知的另一面——他和他的船員們在從美洲大陸返回家鄉時，也把梅毒帶回了歐洲，進而使得梅毒肆虐流行，帶來極大危害。

當哥倫布和船員們到達巴哈馬群島時，誤認為這就是印度，便在此安營紮寨進行休整。在這期間，哥倫布的船員們與當地土著居民印第安人共同生活，也與當地的女子有了性接觸。萬萬沒想到，印第安人身上攜帶有美洲大陸上非常古老的梅毒。

這些來自西班牙各地的船員們染上梅毒，病變從性器官開始，幾個星期後全身出現讓人難以忍受的皮疹。不幸

哥倫布給歐洲帶來了財富，也帶來了致命的梅毒。

的是，西元1494年，法國統治者查理八世發動了入侵義大利戰爭，西班牙參戰，並與法蘭西軍隊在拿坡里展開曠日持久的拉鋸戰。這些西班牙的軍隊中有一些士兵曾經追隨哥倫布遠航，他們把這種病傳染給拿坡里的妓女，當法蘭西勝利後，妓女們又將這種病傳給法軍。拿坡里的法軍回國後，僅僅三年時間，就將梅毒傳染開來，使其橫掃法蘭西、德國、瑞士、荷蘭、匈牙利與俄國。有人曾經這樣描述當時的情景：「幾乎每個人都染上了這種病。」

梅毒流行之初，許多人還不認識，將它與麻瘋病混淆不分。義大利人將這種病稱做「法國病」；而入侵的法國人非常憤怒把這種病叫做「拿坡里病」；當時德國人則稱它為「西班牙瘡」。

隨著梅毒日趨嚴重，歐洲各國開始了相互譴責，誰也不願意承認是自己的國家導致這種見不得人的疾病流行。1497年，巴黎政府發布了一份通告，驅逐所有原籍不是巴黎的梅毒患者。而蘇格蘭的亞伯丁郡的參議會頒發規定，為了保護居民，預防這種從法國傳來的疾病，妓女被要求停止工作，違者被打上烙印。

梅毒引起社會廣泛關注，多數人願意相信這種流行病是美洲送給歐洲的「見面禮」。當時醫師們不願意對「人體最不名譽，最下流部位」的疾病進行檢查，只採取禁食、出汗、放血和排泄等療法治療這種疾病，然而效果甚微。隨後，汞和砷被應用於梅毒的治療。德國專家保羅·埃爾利希於1908年研究出的「606」，被當時人們讚譽為「梅毒的剋星」、「神奇子彈」。

隨著青黴素的發明，開創了梅毒治療的新時代。青黴素治療梅毒，有強烈的抑制梅毒螺旋體的作用，在長期應用中發現青黴素治療梅毒療效快，副作用小，殺滅螺旋體徹底，其後五〇年代開始又引入其他抗生素治療梅毒。在今天，梅毒已經不像六百年前那樣恐怖了。

美洲送給歐洲的「禮物」讓生物學家們聯想到了關於病毒學的研究。
病毒學的研究內容十分廣泛，主要包括病毒的各式各樣的類型、結構、

生長繁殖以及遺傳與進化等方面，有的時候病毒學還會研究病毒和其他生物的相互關係以及和環境的相互關係等等。

我們都知道病毒用肉眼一般是看不到的，因此對於病毒的研究要藉助於先進的科技方法。例如，高倍顯微鏡的發明和使用就是對病毒學研究的一個重要的促進。其次，隨著科學手法的不斷發展，病毒學一定會有更大的進步。

病毒是一種生命活動中最簡單的生物，對其生物大分子的研究無疑會為人類認識很多生命現象提供依據。同時，病毒還會引起很多病症，例如愛滋病就是病毒引起的一種難以治癒的疾病。但是如果我們能夠很好地利用病毒，也會為人類造福的，例如可以利用病毒來消除害蟲等等。

小知識：

S‧A‧瓦克斯曼（西元1888年～西元1973年），美國生物化學家、土壤微生物學家，「抗生素之父」。他發現了鏈黴素和其他抗生素，並首先將鏈黴素用於治療肺結核病人，因此榮獲1952年諾貝爾生理學或醫學獎。主要著作有《土壤微生物原理》、《放線菌及其抗生素》、《我和微生物共同生活》等。

小肉球中誕生的後稷
挑戰發育生物學

發育生物學是一門研究生物體從精子和卵子發生、受精、發育、生長到衰老、死亡規律的科學。

絳縣柳莊村的姜嫄嫁給了部落的首領帝嚳，她勤勞能幹，知書達禮，婚後夫妻的感情極佳。不過命運好像並不是太看重這對夫妻，結婚已經好幾年，一直沒有孩子，為此兩人經常唉聲嘆氣。

又一個冬天來臨，鵝毛大雪接連下了好幾天，家裡儲存的木柴已經燒完，所以天氣剛放晴，姜嫄就出門上山拾柴。

拾柴對姜嫄來說是駕輕就熟，加上她本身動作就很敏捷，很快就拾了一捆樹枝。正當姜嫄準備下山時，不巧山上又飄起了大雪，並且越來越大，呼嘯的北風夾雜著雪花撲打著臉，她感到寸步難行。正當姜嫄覺得自己會被這漫天飛雪困在山上的時候，突然看見前面好像出現了一排腳印，腳印非常清晰，而且一直通往山下，她心中一喜，立刻踩著腳印朝山下走去。

回到家後沒幾天，姜嫄突然感覺身體有些異樣，不想吃東西也不想工作，經大夫一查才知道是懷孕了。夫婦倆喜出望外，從此便天天數著指頭盼著分娩日子的到來。

分娩的日子終於到了，可是日盼夜盼，姜嫄生下來的卻是一個滾圓的肉球。接生婆當場就被嚇跑了，只剩下看著肉球發傻的帝嚳和他的妻子姜嫄。

「姜嫄生了一個妖怪，無頭無腳，可怕極了，準是姜嫄做了什麼不可告人的事情，老天爺來懲罰她。」關於姜嫄生了一個肉球的事情，村子裡很快就傳開了，大家在經過帝嚳家門前的時候都竊竊私語，指指點點。

「把肉球扔了吧！沒手沒腳的，反正也活不成。」姜嫄拖著虛弱的身子把肉球包裹好，讓僕人扔到一個偏僻的小路上，可是那條路上經常有牧羊人經過，僕人看見人多，就沒有扔。回到家以後，姜嫄又讓僕人把肉球扔到森林裡去，可是森林裡那些野獸看見肉球都小心地繞道走，彷彿很恭敬的樣子，誰也不敢傷害它。

姜嫄萬般無奈，又讓僕人把肉球扔到水裡。時值嚴冬，河面上已經結冰，當僕人把肉球放到冰面上時，突然不知從何處飛來一群鳥，這些鳥兒把肉球團團圍住，用自己身上的羽毛為肉球擋風禦寒。不一會兒，又飛來一隻大鳥，只見大鳥用一對寬大的爪子抓起肉球就往不遠處的叢林飛去。

這景象太神奇了，僕人趕緊跑回去告訴姜嫄。當姜嫄跑進叢林的時候，恰好看見被圍在鳥群裡的肉球突然裂開了，裡面有一個嬰兒在哇哇啼哭。姜嫄剛把孩子抱起來，就見林中走過來一隻老虎，姜嫄的心猛一緊，生怕孩子被老虎吃掉，可是老虎卻臥在孩子身邊，給他餵奶。當孩子吃飽後，老虎就離開了。

姜嫄見老虎已遠離，就趕緊抱起孩子回家。

帝嚳給這個孩子取名叫「棄」，說來也怪，這個孩子不用教就會吃飯和走路，並且長的非常快，種田打獵，捕魚捉蝦，樣樣精通。由於聰穎過人，很多孩子都願意跟著他玩，長大以後，他被推舉為氏族首領。他的官名叫後稷，在他掌權的時候，社會安定，人們生活富裕，尤其是農業更為發達，後稷所統領的氏族後來叫做「周」，而周氏族就把後稷奉為自己的始祖。

小肉球中誕生的後稷讓人們瞭解到了發育生物學，無疑這是生物學研究史上的一個重要的課題。發育生物學做為生物學的一個重要的分支學科，是一門結合現代生物學的技術來研究生物發育機制的科學。生物發育機制顧名思義就是指細胞從受精到胚胎的發育、生長直到衰老和死亡的過程。生物的發育機制既包括生物個體發育的生命現象又包括生物種群系統發生的機制。

對於多細胞生物個體發育的研究主要包括對其個體發育功能的研究，多細胞個體的發育包括產生細胞的多樣性和保證生物體生命的延續等方面。在發育生物學中一個重要的研究內容就是生物發育中的訊號傳導，訊號傳導主要是指細胞透過一種特殊的功能把細胞訊號轉變為細胞內訊號，進而引起細胞發生反應的過程。

發育生物學中的生殖發育是十分重要的研究內容，其中生殖細胞的發育就是一個值得關注的課題。生殖細胞的發育中一個重要的概念就是生殖質，生殖質通俗說法就是指具有一定形態結構的特殊細胞質，這種特殊的細胞質主要由蛋白質和RNA組成。

在發育生物學中受精機制就是指精子和卵子的相遇以及發展變化的過程，其中精子先要獲得能量，然後遇到卵子，精卵之間會發生一個頂體反應，之後就會出現精卵的結合，進而使其形成了一個細胞，這樣就完成了一個受精過程。

發育生物學是一門與人類有著密切關係的學科，因為人類無時無刻不在發育生長，而發育生物學的發展也必將會促進人類的發展。

小知識：

約翰·康福思（西元1917年～），澳大利亞裔英國化學家。二十世紀六〇年代，他證明酶是一種催化效能很高的生物催化劑，某一種酶只能對某一類化學反應起催化作用，他為發展立體化學和闡明生物體內許多複雜的化學變化做出了重要貢獻，於1975 年與V·普雷洛共同獲得諾貝爾化學獎。

王莽支持的飛行試驗
是一場仿生學表演

仿生學是生物學上的一個重要的分支學科。仿生，顧名思義就是模
仿生物，而仿生學就是這樣一門模仿生物建造技術裝置的學科。主
要研究生物體的結構、功能和工作原理，並將這些原理移植於工程
技術之中，進而發明人類需要的一些性能很好的工具。

王莽算得上是中國歷史上第一位「民選」的皇帝，從外戚王氏家族的一
介書生做到大司馬，可見他的能力與才能非同一般。

西元5年2月，年僅十四歲的漢平帝去世，王莽做為攝政皇帝暫時代理國
政。同年六月，太皇太后王政君宣布，立漢宣帝玄孫、年僅兩歲的劉嬰為皇
太子。幾乎在此同時，各地都出現了一些建議王莽做皇帝的神喻和暗示，比
如在長安附近的一口井裡就發現了一塊巨石，上面刻有「告安漢公莽為皇
帝」的字樣，諸如此類暗喻「天意」的石頭與奇夢接踵而來，表明王莽做皇
帝是眾望所歸。

西元8年11月，王莽便由攝政皇帝即位當了真皇帝，改國號為「新」。

比起一些昏庸無能的皇帝來說，王莽這個民選的皇帝在治理國政方面很
有氣魄，那時候北方匈奴經常發兵來襲，殺人放火，搶奪財物。為了息事寧
人，以前的皇帝們多是採取一些委曲求全的辦法，比如與匈奴聯姻，給他們
封號等等，可是王莽一上任便取消了這些優惠措施。

匈奴人享受優待的日子被王莽這個新上任的皇帝給攔腰斬斷，邊境百姓
便又重新陷入了水深火熱之中。這裡每天都會發生匈奴人侵襲事件，他們所
到之處，非燒即搶，百姓流離失所，苦不堪言。面對這種狀況，王莽很焦

急，他下令從全國範圍內召集有勇有謀的人才，鼓勵他們在國難當頭的危急時刻挺身而出，為國盡忠。

詔書頒布後，全國各地的勇士紛紛回應，這些人個個都有過人的技藝，刀槍棍棒，騎馬射箭，無所不能。其中還有一個人的強項竟然是會飛，要知道匈奴人能騎善射，短暫的襲擊過後就隱蔽在山林裡，神出鬼沒，行蹤捉摸不定，最有效的偵查辦法就是從空中俯瞰。

王莽對這個自稱會飛的人十分感興趣，命人把他找來，讓他當場示範是怎麼飛起來的。這個會飛的人一邊解說一邊示

在古希臘神話中，代達羅斯和伊卡洛斯父子就是利用人造的翅膀升入天空的。

範，他的全副行頭是一頂羽毛製成的帽子和一套羽毛製成的服裝。他把這身行頭穿戴完畢，儼然就是一隻大鳥，然後他拍動幾下翅膀，藉著風力，竟然緩緩地飛了起來。原來，他模仿的是鳥兒飛行的原理。

看來像鳥兒一樣在天上飛行也不是一件遙不可及的事情，王莽當場決定，成立一個飛行訓練小組，研究和制訂各種飛行計畫和措施，並且為了表示對飛行事業的大力支持，他還特意從國庫撥了很大一筆資金做為試驗的費用。嚴格來說，王莽支持真人做飛行試驗至少比達文西的撲翼機早了上千年。

王莽是一個歷史上頗受爭議的人物之一，但他曾經支持的飛行試驗就是生物學上的一個重要的學科，即仿生學。

仿生學是在上世紀中期才出現的一門新的科學。它主要研究生物體的結構、功能和工作原理，並將這些原理移植於工程技術之中，進而能夠發明

仿生學在軍事上的傑作——潛艇。

人類需要的一些性能很好的工具。

自古以來人類就有模仿的天賦，這也是上天賦予人類不同於低級動物的一種生存方式，例如，古時候的人們透過模仿魚類的形體製造出了船，而經過人們多年的研究，又讓船的樣子和功能更加完善。這種模仿能力就是仿生學的起源，但是在二十世紀四〇年代以前，人們並沒有自覺地把生物做為設計思想和創造發明的泉源。科學家們對生物學的研究也只停留在描述生物體精巧的結構和完美的功能上。

但是在第一次世界大戰中，人們利用魚的沉浮系統設計了潛艇，這是仿生學的一個重要的見證。後來仿生學又不斷的發展，包括後來對超音波的利用，都是仿生學的傑作。在近幾十年間，仿生學得到了快速的發展，不僅拓展了生物學發展的管道，而且開闊了人類的眼界，當然在生物學的發展上也成為了一門十分有發展潛力的學科。

仿生學從模擬微觀世界的分子仿生學到宏觀的宇宙仿生學包括了更為廣泛的內容，這就決定了仿生學的重大意義，不僅僅是對生物學方面的貢獻，更是對人類社會發展所做出的貢獻。

小知識：

陶德（西元1907年～西元1997年），英國生物化學家，1957年諾貝爾化學獎得主。他首先發現並合成了核苷酸單體，證實其具有遺傳特性，還發現了核苷酸輔酶的結構，這一研究為揭開生命起源之謎開闢了道路。

為餐桌奉獻美味的
海洋生物學

研究海洋中生命現象、過程及其規律的科學，叫做海洋生物學。這個學科致力於研究海洋中生物的起源和不斷演化以及海洋生物的分類、發育和遺傳變異等許多方面的內容。

世界著名海洋生物學家、素有「海洋之父」稱號的曾呈奎在1927年進入廈門大學時就選擇了植物學，並且一直從事研究海洋植物。海藻是他接觸最為廣泛的海洋植物，於是他便設計著能否把大海變成一個美麗的莊園，讓大海也像陸地一樣結出可以端上餐桌的美味。在這個念頭的驅使下，他開始對食用海藻的開發與研究。

開發海藻的工作十分艱苦，中國的海藻資料沒有什麼文獻可查的，有關海藻研究的每一步都必須親自去實踐，從人跡罕至的海灘到深不可測的海底，他採集了一、兩百種海藻樣本，其中包括營養價值很高的紅毛菜、紫菜、麒麟菜、海帶等，可是要想培育這些海藻就更難了。特別是海帶，因為海帶的原產地在北海道和庫頁島等一些冷溫帶海域，應該是標準的寒帶和亞寒帶的植物。

為了瞭解海帶的生長規律，曾呈奎帶著助手在廣闊的海面上進行海帶的秋季培育，可是試驗沒有取得理想的效果，他們培育出來的海帶幼苗存活率很低。屢次失敗之後，曾呈奎決定換一種培育手法，把秋苗改為夏苗，把培育場地由大海轉為實驗室，為此他們特意製作了培育海藻的冰箱，並配有燈光照明，令人欣喜的是，海帶幼苗在冰箱裡生長良好，等到炎熱的夏天過後，就把它們移植到海上，這種夏季育苗秋季移栽的辦法獲得圓滿的成功。

　　海帶秧苗存活的問題解決了，可是遺憾的是這些海帶個個都長得很小，口感也差，根本達不到上市銷售的標準，為此曾呈奎又帶領助手對海帶的生長習性做了仔細的觀察和研究。針對海帶的生長特點發明「陶罐海上施肥法」，這個辦法大大提高了海帶的產量，並且北方海域從此開始大面積的種植海帶。

　　在北方種植海帶初見成效以後，曾呈奎又開始嘗試著把海帶的種植範圍擴大到南方。在對海帶孢子體生長發育和溫度的關係進行了一系列研究之後，曾呈奎成功地研製出海帶南移栽培法，原來與海帶風馬牛不相及的浙江、福建等沿海地區，現在也已經成為海帶的主要產區。

　　海帶的成功栽培給了曾呈奎很大的信心，他再接再厲，開始對紫菜的研究。透過大量的觀察他發現，紫菜的早期是源於一種叫做殼斑藻的藻類在晚秋生成的殼孢子。解決了紫菜孢子的來源，也就解決了紫菜栽培中的關鍵問題，經過無數個不眠的日夜，曾呈奎終於實踐了自己當初的承諾，為百姓餐桌上奉獻了一道又一道的海洋植物美味。

海洋植物。

　　廣闊無垠的海洋是一個充滿奧秘的地域，而生存其中的海洋生物非常多，因此就出現了一門研究海洋中生命現象、過程及其規律的科學，叫做海洋生物學。這個學科致力於研究海洋中生物的起源和不斷演化，以及海洋生物的分類、發育和遺傳變異等許多方面的內容。其目的是闡明生命的本質、海洋生物的特點和習性，及其與海洋環境間的相互關係，海洋中發生的各種生物學現象及其變化規律，進而利用這些規律為人類生活和生產服務。

　　在生物學研究史上一般把海洋生物劃分為海洋植物和海洋動物兩大類。但是隨著生物學的不斷發展與進步，生物學家們又把海洋細菌和海洋真菌加入了海洋生物的種類中。這樣，對於海洋生物學的研究就會更加細緻和準確。

　　毫無疑問，海洋生物學和海洋漁業是密切相關的學科，隨著科學的不斷發展，海洋生物學還促進了海洋生態學、海洋地質學等學科的發展進步。

小知識：

悉尼・布倫納（西元1927～），英國生物學家，2002年諾貝爾生理學或醫學獎三得主之一。他選擇線蟲做為新穎的實驗生物模型，這種獨特的方法使得基因分析能夠和細胞的分裂、分化，以及器官的發育聯繫起來，並且能夠透過顯微鏡追蹤這一系列過程，為研究器官發育和程序性細胞死亡過程中的基因調節作用做出了重大貢獻。

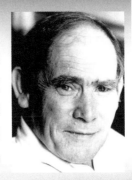

射落驚弓之鳥
是由於懂得神經生物學

神經生物學主要是研究生物體神經系統的一門學科，主要涉及神經系統的解剖、生理以及病理等方面。

戰國時期魏國有一個射箭手叫更贏，相傳他的箭不虛發，而魏王對此卻不以為然，非要親眼見識一番才相信。

這天，他命人邀請更贏一同打獵，二人行至高臺之下，發現天空有一隻孤獨的大雁哀鳴著飛過。魏王突發其想說道：「本王素聞你箭法百發百中，現在天上飛過一隻大雁，你能否把牠射下來呢？」

「大王，射殺這隻大雁何難？我不用箭，只需拉弓，牠就會應聲而落。」

「你有此等功夫？真是了得！」魏王聽了更贏的話，滿臉的詫異和滿腹的疑惑。

「大王請看。」說話間，剛才那隻鳴叫的大雁又盤旋而來，更贏隨即拿起手裡的弓，並未搭箭，只是拉了一下弓弦，片刻之間，就見那隻大雁果真就從空中栽落下來。魏王對此更加迷惑，忙問更贏這到底有什麼玄機和奧妙。

更贏向魏王解釋道：「大雁是群居動物，可是這隻大雁卻是單獨飛行，原因只有一個，就是受傷飛不快，所以脫隊了。」

「可是你如何知道牠受傷了呢？」魏王急切地問道。

「我是從牠低弱而斷續的鳴叫聲裡判斷出來的，因為有傷在身，所以牠抑制不住傷口的疼痛，就會發出一聲接一聲的哀鳴。」

「那牠又是怎麼掉下來的呢？」

「這隻大雁因為離開了同伴，因而會感到孤獨和害怕，還有牠那時時灼痛的傷口，使牠的神經變得更為緊張，在飛行的途中，哪怕僅僅是聽到弓弦的響聲，牠都會感到萬分恐懼。剛才牠聽到了拉動弓弦的聲音，以為有人射殺自己，為了逃命，便會不顧一切地往高處飛去。這時尚未癒合的傷口在猛烈的掙扎之下裂開了，大雁無法忍住劇痛便從空中掉了下來。」

驚弓之鳥的神經系統已經處於麻痺的狀態，所以牠才會成為獵人的美味，而這一悲劇的釀成卻與神經生物學密不可分。

神經生物學是一門研究神經系統的結構和功能的科學，主要涉及神經系統的解剖、生理以及病理等方面。其研究離不開生命科學的一些基本研究材料與方法。例如，電生理是用電刺激的方法來研究神經回路、神經元在特殊生理條件下的反應，膜片鉗是用於測量離子通道活動的精密檢測方法。

從上個世紀九〇年代以來，世界上許多國家的生物學家都看到了神經生物學的重要性，所以都爭相投入發展。而且一些生物學家甚至把神經生物學稱做是「二十一世紀的明星學科」，由此可知神經生物學地位的提升。

神經生物學的研究對像是人的大腦，大家都知道人的大腦構造是異常複雜的，神經生物學雖然沒有因為方法上的突破而帶來重大的研究成果，但卻仍然很受生物學家們的青睞。主要是因為人的大腦是人體最重要的器官之一，研究神經生物學就有可能解釋智力形成之謎、毒品上癮之謎、各種神經疾病之謎，而這些謎團已經困惑了人類幾十年甚至幾百年了。

小知識：

約翰・蘇爾斯頓（西元1942年～），英國科學家。他因為找到了可以對細胞每一個分裂和分化過程進行跟蹤的細胞圖譜，而與悉尼・布倫納、羅伯特・霍維茨一起獲得了2002年諾貝爾生理學或醫學獎。

神童高爾頓
首創遭人質疑的優生學

優生學是研究如何改良人的遺傳素質，產生優秀後代的學科。它的
措施涉及各種影響婚姻和生育的社會因素，如宗教法律、經濟政
策、道德觀念、婚姻制度等。

　　憑著對自然科學的熱愛，早在1859年表兄達爾文所著的《物種起源》發
表時，高爾頓就已經成為達爾文學說的支持者，不過這個小個子的禿頂男人
有著一雙極富穿透力的眼睛，尤其是他那顆超乎尋常的智慧大腦並沒有完全
遵從和依賴達爾文學說。比如，達爾文曾提出的遺傳物質的傳遞以及生物的
發育都是由一些很小的「胚芽」引起的，也就是泛生子學說，就讓高爾頓心
生疑寶。透過對不同顏色的兔子之間互通血液，高爾頓確信「胚芽」的確是
存在的，不過它並沒有像達爾文所說的那樣有著改變性狀的作用。於是，他
把這些可以遺傳給下一代的「胚芽」叫做血統，這便是高爾頓在1876年提出
的遺傳學主要內容。

　　在1885年，高爾頓又提出了另一個迥然不同的遺傳理論——祖先遺傳
律，也是說每個個體都會從上一代中得到部分的血統遺傳。為了能夠生動地
解釋這一推論，他把世界上著名的法官、政治家、軍事家、文學家、科學
家、詩人、畫家等都列舉出來，其中平均一百個法官的後代裡就有38.3個名
人，而把這個測算面擴大到全英國範圍內，每四千人中才有一個名人。由此
證明法官的後代成就天才的機率相對來說是很高的。

　　其實嚴格來說，高爾頓的科學研究並不是十分嚴謹的，他的調查很片
面，而且忽略了很多人之所以能夠成為名人，不單是有遺傳基因的影響，裙

帶關係和家庭環境也是必然的因素。十九世紀八○年代，高爾頓編著的《人類才能及其發展的研究》一書問世，他第一次創建了「優生學」，把人類的自然選擇提升到自覺選擇的高度。在文章中，高爾頓堅定了人類遺傳基因與優生學之間那種不可分割的關係、智商的高低、反應的快慢以及個性的內向與外向百分之七十以上來自遺傳基因，而一少部分來自環境的影響。

做為人類歷史上的一個神童，高爾頓首次宣導了優生學的理論，這項理論在當時受到了來自各個方面的攻擊和質疑，但是優生學究竟是不是正確的還有待於歷史的檢驗。

優生學做為生物學上的一個分支，主要致力於研究改良人類的遺傳素質進而產生優良後代的一門學科。它涉及到了許多社會因素，比如一個地區的宗教法律、經濟政策、道德觀念、婚姻制度等等，這些都會影響對優生觀點的認識。同時，優生學的發展還會影響到一個民族遺傳素質的發展，進而影響到一個民族未來的發展。

現代優生學的研究目的主要有兩個方面：一是透過對優生學的研究認識人類不同特徵的遺傳本質，進而對這些遺傳本質進行優劣的取捨；二是透過優生學的觀點提出對後代遺傳素質如何改進的具體方法。這兩個目的表現了優生學的本質和特點。

醫療的進步和環境的改善是不能解決優生學的根本問題，因此還要藉助優生學來控制低劣遺傳因素的氾濫。

小知識：

瑪麗亞·斯克洛多夫斯卡一居禮（西元1867年～西元1934年），常被稱為瑪麗·居禮或居禮夫人，波蘭裔法國籍女物理學家、放射化學家。與丈夫一起發現放射元素鐳，被用做輻射療法治療癌症。

從科赫法則到細菌學

細菌學就是對細菌進行研究的一門學科，涉及到細菌的各種形態、生理以及生態等方面的內容。細菌具有體積小、繁殖快、活力強、種類多、易變異等特點，並且能在人工控制的條件下進行研究和生產，是現代生物學以及其他學科的重要研究工具。

教堂裡響起了沉重的鐘聲，周圍的鄰居都懷著悲痛的心情，邁著緩慢的腳步走了進去，年僅十歲的科赫牽著媽媽的衣角，跟在隊伍後面。

這一行人去教堂是為一個死去的牧師做禱告。

「媽媽，他是怎麼死的？」年幼的科赫問道。

「孩子，他是生病死的。」

「那為什麼不去看醫生呢？」

「他得的是絕症，醫生也無能為力。」從媽媽的口中，小科赫知道了天下還有讓所有醫生都束手無策的絕症。於是，他決心長大後一定要想辦法攻克這些無法治癒的頑疾。

科赫長大以後，在哥丁根大學醫學院裡學習。解剖學家亨勒寫的一本關於傳染病的著作裡有一段話引起他的注意，這段話是這樣寫的：「要想找出並確認引發人體傳染病的病因，唯一的辦法就是不斷地從顯微鏡下找出病菌，並進行分離。」

病菌才是傳染源，科赫記住了這句話。在學習與研究的過程中，他本著嚴肅而又認真的態度掌握了大量的資訊，成為附近一帶有名的醫生。

一天，他的鄰居急切地找到他說：「快幫幫我吧！我養的三隻羊，早上死了一隻，現在又有一隻快不行了，我也不知道是得了什麼急病。」

聽完鄰居的敘述,科赫的腦海裡浮現出一種叫做「炭疽」的細菌名字,他立刻來到羊圈,從死羊屍體裡抽出一些血樣帶回了實驗室。在顯微鏡下,科赫發現血液上面有一些小木棍一樣的懸浮物,並且他還在其他死羊的血樣裡也發現了這樣的懸浮物。為了證明就是這些「小木棍」在做怪,科赫把一些血液抹到小白鼠的傷口

顯微鏡下的細菌。

上,很快小白鼠就死了,而且在牠的血液裡,科赫也發現了懸浮的小木棍一樣的細菌。

找到了罪魁禍首,科赫在接下來的試驗中仔細觀察了這種細菌的發育過程以及生長所需要的環境溫度。他發現,這種病菌在極為惡劣的環境下暫時收縮成一個小團,以孢子的形態長久存活,而一旦有適合的溫度,它們會加速度壯大隊伍。如果進入動物體內,會大量繁殖甚至阻塞血液的流通,在很短的時間內致其死亡。因為這種孢子能夠在惡劣的環境下存活,所以要想制止它蔓延,唯一的辦法就是把染病動物的屍體燒掉並深埋。

在1876年科赫向德國最著名的細菌學家科恩做的報告中,他仔細闡明和示範了這種細菌的特徵和危害性,並證明這是一種能夠引起特定疾病的微生物。

德國人科赫在1876年分離出了炭疽菌,提出了著名的科赫法則,這一重

要的發現促進了細菌學的不斷發展和進步。

細菌學就是對細菌進行研究的一門學科，涉及了細菌的各種形態、生理以及生態等方面的內容。細菌具有體積小、繁殖快、活力強、種類多、易變異等特點，能在人工控制的條件下進行研究和生產，是現代生物學以及其他學科的重要研究工具。

最早開始對細菌的研究是從人類的口腔開始，口腔中的細菌被當時的科學家們稱為是「微小的生物」，後來，這些科學家又證明這些「微生物」的生命活動能夠引起有機物的發酵，這種功能可以產生出很多對人類有利的物質來。因此這個發現成為了細菌學研究的一個良好的開端。

後來，生物學家們又先後發現了存在於人和動物體內的病原菌，發現它們可以引起各種疾病，同時，對雞霍亂、炭疽、豬丹毒的菌苗研究更是奠定了免疫學的基礎。

細菌學發展到現在，生物學家們已經把研究的目標轉移到了分子生物學的水準，這不僅是細菌學的一大進步，也是生物學上的一大進步。

小知識：

奧托‧勒韋（西元1873年～西元1961年），美籍德國科學家。由於發現神經末梢的化學傳遞物質，1936年獲諾貝爾生理學或醫學獎。

神醫華佗藥到蟲除
表現了寄生蟲學的特點

寄生蟲學，顧名思義就是一門研究寄生蟲的學科。對寄生蟲的研究
涉及到有關寄生蟲的致病機制、流行特點以及有效的防治方法等許
多方面的內容，它是生物學上一個重要的分支學科。

華佗曾經為廣陵太守陳登治過病。

有一段時間，陳登臉色赤紅，心情煩躁，他的屬下說：「神醫華佗就在
廣陵，大人何不請他診治？」陳登早就聽說華佗的醫術高超，急忙命人去
請。

華佗到來為陳登診治一番，明白了他患的什麼病，就請他準備十幾個臉
盆。陳登不解，只好照辦。再看華佗，為陳登針灸施治，不一會兒，陳登張
口大吐，竟然吐出了幾盆紅頭蟲子！這令所有人大驚。

陳登忙問：「這是怎麼回事？」

華佗一邊為他開藥，一邊說：「大人是不是喜歡吃魚？」

「正是。」陳登回答。

「這些蟲子就是寄生在魚的身體中，大人吃到肚子裡後，牠們漸漸長
大，於是變成了這個樣子。」華佗告訴陳登，這個病三年後還會復發，叮囑
他到時再去取藥。

果然，三年後陳登犯病，他命人前去尋找華佗取藥。不巧的是，華佗外
出行醫未歸。結果，陳登無藥可醫，不治而亡。

還有一次，華佗在路上遇到一個咽喉阻塞病患者，病人吃不下東西，整
日呻吟不止，十分痛苦。華佗走上前去仔細診視了病人，對他說：「你向路

旁賣餅人家要三兩萍齏，加半碗酸醋，調好後吃下去病自然會好。」病人照他的話去做，吃下不久便吐出了一條像蛇一樣的蟲子，病也就真的好了。

後來，病人把蟲子掛在車邊去找華佗，打算當面道謝。恰好華佗的小兒子在門前玩耍，一眼看見來人，就說：「那一定是我父親治好的病人。」病人很奇怪，問他如何得知，孩子帶著他走進家裡，只見牆上正掛著幾十條同類的蟲子。原來，華佗用這個民間單方，早已治好了不少病人。

寄生蟲學，顧名思義就是一門研究寄生蟲的學科。主要內容包括寄生蟲的致病機制、流行特點以及有效的防治方法等。它有不同的分支，例如獸醫寄生蟲學、醫學寄生蟲學、人體寄生蟲學和分子寄生蟲學等，這些分支學科都經過了一定的發展，已經漸漸形成了一門比較完善的學科種類。

如今，在生物學的帶動下，寄生蟲學也得到了快速的發展。生物學家們藉助先進的生物科技，更加清楚地認識了寄生蟲的原理和危害，同時，對抗這些寄生蟲的治療手法也在不斷地被挖掘出來。

小知識：

H‧H‧戴爾（西元1875年～西元1968年），英國生理學家。他發現了神經系統中化學傳遞物質，特別是神經末端可釋放乙醯膽鹼，由於這個發現使他和O‧勒維共同獲得1936年諾貝爾生理學或醫學獎。

法布林為農業昆蟲學做貢獻

農業昆蟲學是研究農業害蟲的發生、發展、消長規律及防治措施的一門科學。它不僅要以害蟲為研究對象，還要研究被害植物受害後的反應，提高其耐害力和抗蟲性，並研究治理策略和以作物為中心的綜合防治措施。

「唧唧，唧唧……」，一個深秋的夜晚，奶奶早早地入睡了，可是法布林卻怎麼也睡不著，外面傳來清晰的蟲鳴聲，讓他異常興奮。

「這到底是什麼聲音呢？蟋蟀嗎？不像，這個季節會有什麼小昆蟲還在外面活動呢？」

「奶奶，妳醒醒，你聽這是什麼動物在叫啊？」睡得正香的奶奶被法布林搖醒，她迷迷糊糊地說：「孩子，這麼晚了還不睡，哪有什麼聲音啊？大概是誰家的狗在叫吧！」

接著，奶奶又睡著了。滿腹疑惑的法布林悄悄下床來到屋後，在草叢中那種「唧唧」的聲音更加清晰了，可是他找了半天也沒有捉到鳴叫的昆蟲，反被帶有利齒的草割傷了手臂。

這就是小時候的法布林，好奇而又貪玩。他家門前有一條小溪，後面就是一片鳥鳴啁啾的樹林，法布林經常在溪水裡捉魚摸蝦。也許是環境造就了法布林愛玩的性格，他對周圍很多的小昆蟲都非常感興趣，喜歡看螞蟻搬家，喜歡看蜘蛛如何在網上擄獲蚊子。

冬天，他甚至會把凍僵的昆蟲揣在懷裡帶回家，小心翼翼地為牠取暖，看牠可不可以復活。最可笑的一次，他在鄰居家的果樹上發現了一隻螳螂，為了觀察螳螂偷吃蘋果的行為，他竟然悄悄趴在樹上一動也不動。不巧的

是，法布林被果樹的主人發現了，他當場大喊道：「這是誰家的孩子？為什麼要偷蘋果呢？」法布林立即從樹上跳了下來，窘迫地看著鄰居，「原來是你，我還以為是小偷在偷竊蘋果呢！」

長大以後的法布林依然童心未泯，腦海裡總是想著：「鳥兒為什麼不長牙齒？蠑螈最喜歡吃什麼？黃蜂、蠍子、象鼻蟲是怎麼生活的？」帶著這些疑問，他在自修大學課程時，依然不忘觀察身邊的小昆蟲。

1879年，法布林買下了塞利尼昂的荒石園，這是一塊不毛之地，卻生存著很多昆蟲。在這裡，他幾乎把所有的精力都用在了觀察昆蟲的生活習性以及繁衍後代的一些行為特徵上，並傾盡所能，用生動活潑的語言編寫了一部《昆蟲記》。在這本書中，法布林用擬人化的手法細膩而又全面地描寫了包括蜘蛛、蜜蜂、螳螂、蠍子、蟬、甲蟲、蟋蟀在內的許多昆蟲的勞動、婚戀、繁衍和死亡等習性。由於這部書對昆蟲的研究有著舉足輕重的意義，加上文筆優美，使法布林獲得了「昆蟲界的荷馬」以及「科學界詩人」的稱號。

恐怖的蝗災。。

　　法布林的研究對農業昆蟲學做出了十分傑出的貢獻，而農業昆蟲學在眾多生物學家研究實驗的推動下也在不斷地趨於完善。

　　農業昆蟲學其實就是從昆蟲學發展起來的一門應用學科，研究的歷史並不長，但是對農業害蟲的觀察和防治，早在中國的春秋戰國時期就已經有了記述。

　　農業昆蟲學研究的主要內容包括：

　　一、對害蟲的產生進行研究，只有這樣才能總結出防治蟲害的具體方法。

　　二、對害蟲進行分類和鑑別，進而進行有針對性的防治。

　　現代科學技術和農業生產的不斷發展，促使農業昆蟲學進一步向著多學科綜合的方向發展。這種發展必然要求人們從宏觀和微觀上對病蟲害防治進行深化，也必將對未來的農業發展產生不可估計的影響。

小知識：

漢斯・施佩曼（西元1869年～西元1941年），德國動物學家和胚胎學家。他畢生從事兩棲類胚胎早期發育的研究，因發現蠑螈胚胎體中的「組織中心」而獲得1935年諾貝爾生理學或醫學獎。

三試青蒿治黃癆
試出醫學生物學的作用

醫學生物學是生物學的一個重要的分支學科，它是研究生命運動及其本質並探討生物發生、發展規律的科學。

從前，有一個人患了黃癆病，全身皮膚澄黃，雙眼深陷，瘦得只剩皮包骨了。他看了很多郎中，吃了很多藥，家裡僅有的一點錢都花在這個病上，可是即使是這樣也沒有好轉。

這天，他聽說華佗路過此地，給不少長期患病的人看好了病，於是就拄著枴杖，內心充滿希望地找到華佗，懇求說：「先生，你是神醫，是我最後的希望了，我的病看了好多大夫都沒有治好，請您一定給我好好診斷一下。」

華佗沒有號脈，單從病人的表象就瞧出了他所患的病，不過自己也無能為力，因為當前還沒找到醫治這種病的藥物，所以只能遺憾地告訴病人：「抱歉，我也沒辦法醫治這種病。」

病人不相信地說：「我之前看過好幾個大夫，他們都給我開了藥方。你是神醫，一定比他們醫術高。」

華佗見病人情緒很激動，就耐心地說：「那些藥並不起作用，吃與不吃區別不大。」病人見華佗都不能治他的病，不由得傷心欲絕，心想回家等死算了。

半年後，華佗再次行醫經過那個村子，巧的是他再次碰見了當初患黃癆病的那個人，可是差點沒認出來。因為那個人現在滿面紅光，身強力壯，走起路來精神抖擻。

華佗吃驚地問他：「哪位高人給你治好病的啊？讓我也見識見識。」

那人答道：「自從你說這病沒法治之後，我就再也沒請任何郎中看，病是自己好的。」

華佗不信：「哪有這種事！你一定是吃過什麼藥了吧？」

「沒吃過藥啊！前段時間到處鬧飢荒，大家連米糠菜花都吃不起，哪還有多餘的錢財買藥啊！我一連吃了很長一段時間的野草。」

做為郎中的華佗一聽這話，心中異常興奮地說：「這就對了，草就是藥，你吃了多少天？」

「一個多月。」那人如實回答。

「吃的是什麼草呢？」華佗急切地追問著，「我也說不清楚。」那人早就忘了那種草具體長什麼模樣了。

華佗沉默了一下說：「你現在有時間嗎？帶我看看去。」

「我現在沒什麼事，帶你去山上吧！」說罷，兩人一前一後上了山。

他們走到山坡上時，那人指著一片綠茵茵的野草說：「就是這種野草。」

華佗一看，原來是青蒿，他轉念一想：「莫非此物能治黃癆病？不如弄點回去試試看。」於是，他就用青蒿試著給黃癆病人下藥治病。可是一連試了幾次，病人吃了沒一個見好的。

華佗以為先前那個病人準是認錯了草，便又找到他問：「你真的是吃青蒿吃好的嗎？」

「沒錯，就是這種野草！」

華佗琢磨來琢磨去，又問：「你是幾月份吃的？」

「三月份。」

「哦，難怪。陽春三月萬物勃發，此時的青蒿才有藥效。」

第二年開春，華佗又採了許多三月間的青蒿試著給患了黃癆病的人吃。這回可真靈！結果吃一個，好一個，而過了春天再採的青蒿就不能治病了。

為了摸清青蒿的藥性，第三年，華佗又把根、莖、葉進行分類試驗，經過實驗證明，只有幼嫩青蒿的莖、葉可以入藥治病，華佗給它取名為「茵陳」。他還編了歌謠供後人借鏡：「三月茵陳四月蒿，傳於後人切記牢。三月茵陳治黃癆，四月茵陳當柴燒。」

「三試青蒿治黃癆」是生物學上的一個小故事，它真切地點出了醫學生物學的重要的作用。

目前，醫學生物學研究已經得到了快速的發展，研究方法也日益多元化，其中應用比較廣泛的就是物理化學研究方法和機率因果研究方法。透過物理化學的研究方法，生物學家能夠更加清楚地瞭解到生物分子之間以及分子與細胞之間的關係，進而充分地研究生物中的宏觀和微觀的各種效應。而另一種機率因果的研究方法就是透過一種對照或者是比較的方法來獲取治療疾病需要的資料，進而提高一些疑難雜症的治癒率。

經過生物學家們的共同努力，醫學生物學已經有了很大的進步。但是，由於生命和疾病的複雜性，生物學家們在醫學生物學研究方面依然面臨巨大的挑戰。

小知識：

O・H・瓦爾堡：（西元1883年～西元1970年），德國生物化學家。他在上個世紀二〇年代發明的研究組織薄片耗氧量的檢壓計——瓦爾堡氏檢壓計，已被廣泛使用。同時，他還闡明了磷酸三碳糖氧化與形成腺苷三磷酸相偶聯的機理，進而在研究能量代謝方面揭開了新的一頁。1931年，他由於對呼吸酶的傑出貢獻而獲諾貝爾生理學或醫學獎。

生物學帶來豐碩的科技成果

——生物學應用

第**4**篇
生物學帶來豐碩的科技成果——生物學應用

從人鼠大戰到基因突變

基因突變是DNA分子中鹼基對的增添、缺失或改變造成的生物體基
因結構的改變。它一般會發生在細胞分裂間期，也就是說細胞的有
絲分裂間期和減數分裂間期。

做為一門人類最早的科學，生物學蘊涵著千變萬化的生命奇蹟。從生命
的起源到基因的突變，無一不表現著大自然的深邃與奧妙。

在常人眼裡，老鼠向來膽小齷齪，喜歡在陰暗潮濕的地方生活，可是在
1996年的車諾比核能發電廠，卻上演了一場空前激烈的人鼠大戰。由於基因
發生改變，這裡的老鼠一改往日偷偷摸摸鑽牆洞的狀態，竟公然在光天化日
之下穿梭於大街小巷。牠們聚居在核能發電廠附近，阻塞了下水道，並且像
兇猛的野獸一樣向人類發起了襲擊。

與變異老鼠的爭鬥是異常艱難的，來自美國、俄國和烏克蘭三國的科學
研究小組來到核能發電廠的時候恰好目睹了老鼠變異這一奇觀。當他們風塵
僕僕地趕到核能發電廠，準備對核洩漏事故進行調查和分析的時候，驚奇地
發現這裡出沒著很多老鼠。牠們不僅碩大無比，而且還會毫不畏懼地向來者
發動進攻。

這幾位科學家決定先放棄研究車諾比核洩漏的初衷，首先想盡一切辦法
消滅老鼠。他們駕駛著汽車向成群的老鼠輾壓過去，汽車過後，老鼠的屍體
被黏在車輪上，但是橫屍遍地的慘狀並沒有嚇退老鼠，牠們強而有力的下顎
一張開就足以咬斷人的喉嚨與手腕。沒過幾天，這個小組的九名成員就被老
鼠吃掉了八個，僅剩下一個成員。

萬般無奈的情況下，政府只好動用武裝部隊來清剿這群巨鼠。一個連的

兵力架著重機槍對鼠群進行掃射，一群老鼠被打死了，而另外一群老鼠又捲土重來，牠們瘋狂地跟人類進行著殊死的反抗。

人鼠大戰聽起來有點怪異，但是它卻讓生物學家們瞭解到了基因的突變。如果沒有基因的突變就沒有動物的進化，也就談不上老鼠主動與人對抗了。

基因突變是生物學研究中經常會遇到的一種生物學現象，它是DNA分子中鹼基對的增添、缺失或改變造成的生物體基因結構的改變。它一般會發生在細胞分裂間期，也就是細胞的有絲分裂間期和減數分裂間期。

基因突變主要有兩個最明顯的特徵：

第一，隨機性。指突變不管從時間上還是從生物體的個體基因上都有一定的隨機性。

第二，低頻率性。基因突變雖然是生物學上的一個重要的研究對象，但是基因突變的發生並不是很頻繁，是十分罕見的。

基因突變對生物體有很大的影響，例如生物體的衰老和癌變都和它有著密切的關係。

對人類來說，基因突變是一把雙刃劍，但人類如果能夠合理利用的話，還是利大於弊的。例如，現在人們就利用基因突變的原理進行誘變育種、害蟲防治和對誘變物質進行檢測等等，所以基因突變還是有科學研究和生產上的實際意義的。

小知識：

C・艾克曼（西元1858年～西元1930年），荷蘭生理學家，近代營養學先驅。透過研究，他發現了可以抗神經炎的維生素，為維生素的研究奠定了基礎。1929年，他和霍普金斯一起獲得諾貝爾生理學或醫學獎。

鄧肯求婚
求出基因重組概念

基因重組指在生物體進行有性生殖的過程中，控制不同性狀的基因重新組合。

在一次宴會上，美國著名的舞蹈家鄧肯遇到了蕭伯納。蕭伯納不僅是一位卓有成就的作家，更是一位蜚聲世界的戲劇家。由於他的傑出成就，加上獨特的語言風格，所以被世人稱之為「最有魅力的作家」。

蕭伯納和卓別林。。

鄧肯十分欣賞蕭伯納的才華，不過對他的容貌卻是不敢恭維。因為她知道自己比蕭伯納要漂亮很多，從這一點上來說鄧肯還是很有自信的。

在酒桌上，鄧肯大膽地向蕭伯納求婚：「我非常傾慕你的才華，假如我們兩人結合的話，所生的孩子繼承我的容貌和你的智慧，一定會成為才貌雙全的人。」

「美麗的鄧肯女士，妳說的話雖然有一定的道理，但是還有另外一種可能，那

就是我們的孩子萬一繼承了我的相貌和妳的智慧，結果豈不是很糟糕？」

　　鄧肯想到了基因能夠遺傳自己美好的一面，卻沒有想到它也能夠遺傳不美好的另一面，為此才鬧出了笑話。

　　二十世紀七〇年代初，一個科學奇蹟誕生了，這就是DNA重組技術。1972年，美國科學家保羅‧伯格首次成功地把兩種不同的基因拼接在一起，使生物技術發展到基因重組與移植的新階段。

　　基因重組是指一個基因的DNA序列是由兩個或兩個以上的親本DNA組合起來的。從廣義上講，任何造成基因型變化的基因交流過程，都叫做基因重組。而狹義的基因重組僅指涉及DNA分子內斷裂──複合的基因交流。

　　基因重組和基因突變是有區別的：基因重組是指非等位基因間的重新組合，雖然能產生大量的變異類型，但只產生新的基因型，不產生新的基因。基因突變是指基因的分子結構的改變，即基因中的去氧核苷酸的排列順序發生了改變，進而導致遺傳訊息的改變。

小知識：

　　J‧華格納－姚雷格（西元1857年～西元1940年），奧地利醫學家。由於發現了治療麻痺的發熱療法，而榮獲1927年度諾貝爾生理學醫學獎。

「引狼入室」的美國人
追求生態系統的穩定性

生態系統的穩定性是指，生態系統所具有的保持或恢復自身結構和功能相對穩定的能力。

卡巴高原位於美國北部，這裡溫度適宜水草豐盛，生活著眾多野生動物，其中包括麋鹿和野狼。因為野狼是肉食動物，高原上的麋鹿便成為牠們的主要食物來源之一，牠們經常在高原上追逐著麋鹿做為美餐。在狼群兇猛的獵殺下，高原上的麋鹿大量減少。

為了保護麋鹿，從上個世紀四〇年代起，美國政府開始大規模獵殺野狼，狼群在很短的時間內就被政府雇用來的獵手們斬草除根。麋鹿本身繁殖就很快，再加上少了天敵，很快數量就增加了。牠們成群結隊地遊蕩在高原上，啃食高原上的白楊樹以及三角葉楊樹的枝葉，這些樹木經常被啃的光禿禿的，尤其是那些剛剛生長出來的幼苗，直接被那些矮小的麋鹿連根拔起。除此之外，牠們還啃食高原上的灌木，而啃食灌木叢最大的危害就是導致水土流失。就這樣，整個高原地區生態環境惡化，在這個食物鏈上所有動物的生存都不同程度地受到影響。眼看卡巴高原即將變成一塊不毛之地，這個現象再一次引起了美國政府的高度重視。科學家們研究分析後，要想拯救卡巴高原，最好的辦法就是把狼群再引回來。這個辦法雖然不會直接導致生態環境的好轉，但會控制麋鹿的

野狼。

數量，進而使這些地方的楊樹和灌木都能夠得到充分的生長。

上個世紀九〇年代，美國政府決定採用「引狼入室」的辦法拯救卡巴高原，並開始把在鐵籠中圈養的灰狼放歸卡巴高原。不僅如此，美國內務部野生動物保護局開始花費鉅資從加拿大引進灰狼。在時隔近六十年以後，卡巴高原便又重新響起了野狼那穿破夜空的長嘯。

生態系統的穩定性中包括一個可以自動調節的機制，這個機制涉及到生態系統的組成、結構和功能等方面。

研究生態系統的一個十分重要的意義就是要透過某種方式或者手法來協調生物與生物之間的關係，進而達到一種平衡和穩定。從這裡就可以看出生態系統的穩定性是一個綜合性質的概念。

生態系統能夠保持其穩定性是有一定原因的，它其實就是一個動態的結構，這個結構中的成分在不斷的變化中，維持著結構的穩定性，也就是說生態系統中各種生物的數量和所佔的比例維持在相對穩定的狀態。

生態系統的穩定性包括抵抗力穩定性和恢復力穩定性，一般來說，生態系統的抵抗力穩定性是與生態系統的自動調節能力大小成正比的，而恢復力穩定性則與之相反。

而在我們的現實生活中，大自然的生態系統的穩定狀態卻遭到了人類的破壞。例如，對植被的破壞和對土地的過度開墾等。而生態系統一旦遭到破壞就會喪失其保護大自然的功能，因此人類一定要堅持方可持續發展。

小知識：

J·A·G·菲比格（西元1867年～西元1928年），丹麥病理學家。
他在哥本哈根大學畢業後，在柯赫和貝林的指導下學習細菌學。
1926年因提出「致癌寄生蟲學說」（該學說現已被全面否定）獲諾貝爾生理學或醫學獎。

斑點蛾的悲喜劇
上演環境與生物的關係

環境能夠誘發以及篩選遺傳物質的變異，主要表現在物理環境和化學環境兩個方面。

在英國的曼徹斯特，生活著一種斑點蛾，這種斑點蛾的翅膀上分布有斑點，根據其顏色分為淺色和黑色兩種。在斑點蛾的繁殖發育中，能夠控制翅膀顏色的是一對等位基因，在這對等位基因中，黑色為顯性，淺色為隱性，這也就說明，黑色基因與淺色基因相結合的話，牠們的最終表現形式只能是黑色，而只有兩對基因全是淺色的前提下，斑點蛾的表現形式才會是淺色的。專家分析，按照這個發展規律，黑色斑點蛾的數量至少會是淺色斑點蛾的三倍以上，可是在1848年，他們對兩種斑點蛾的數量調查中卻奇怪地發現，黑色遠比淺色少得多，甚至連百分之一都沒有，這是為什麼呢？

透過觀察，專家們得出結論，這些斑點蛾的數量跟所處的環境有很大關係。這種斑點蛾是鳥類的美食，牠們一般喜歡停在苔蘚上，黑色的斑點蛾在苔蘚上很容易被鳥類發現，而淺色的則不同，牠們經常因為顏色的庇護而在天敵的眼前得以僥倖存活。久而久之，擁有黑色基因的斑點蛾就逐漸減少，淺色斑點蛾就明顯多了起來。

後來的環境發生了變化，曼徹斯特成為一個工業城市，到處高聳著冒著黑煙的煙囪，到處是被污染的空氣。那些綠色的植被被罩上了一層厚厚的煙灰，當黑色斑點蛾停留在上面時，根本很難發現，而淺色斑點蛾的命運則發生了翻天覆地的變化，牠們經常被鳥類發現而喪命。在這個時候兩種斑點蛾的數量就發生了根本性的轉換，黑色斑點蛾佔據環境優勢而成為適者生存的

典範。

　　專家預測，如果環境再次發生改變，黑、白兩種斑點蛾又會回到原來的那種狀態。果然不出所料，在長久的忍耐之後，英國人終於下決心開始治理環境污染。從此，水變清了，樹變綠了，黑色斑點蛾又重新成為了鳥類的美食。

　　斑點蛾的悲、喜劇讓生物學家們看到了環境與生物密不可分的關係。

　　在生物學的研究中，最重要的就是對遺傳物質的研究，而遺傳物質和環境有著不可分割的關係。對進化來說，遺傳物質的變異當然是有著決定性的作用，而環境能夠誘發以及篩選遺傳物質的變異，生物完成了進化之後無疑會對環境有著反作用。

　　環境對遺傳物質變異的誘發作用主要表現在物理環境和化學環境兩個方面。就物理環境的影響而言，射線是影響最大的因素，地球上每天都會有很多的射線，而生物體時時刻刻都在與地球上的射線打交道，一些力量比較強的射線就會把生物體的某些化學鍵切開，進而引發基因的突變。化學環境是指生物體從自然環境中得到某些營養物質，這些物質經過生物體的消化與吸收可能會在生物體內發生某種反應，進而引發基因突變。

小知識：

　　約翰・詹姆斯・理查・麥克勞德（西元1876年～西元1935年），蘇格蘭醫學家、生理學家。他在研究糖代謝方面取得了顯著的成績，其中最著名的是提取胰島素。1923年，榮獲諾貝爾生理學或醫學獎。

偷蜜人被螫
是由於破壞了生態系統中的相互關係

生態系統，指在一定的空間內生物成分和非生物環境透過物質循環
和能量流動相互作用、相互依存而構成的一個生態學功能單位。其
中，生物成分和非生物環境相互之間的密切聯繫構成了生態系統的
相互關係，並維持著生態系統的平衡以及穩定。

在一片草原上，住著一個養蜂人和一個牧羊人。牧羊人性格開朗豪放，
他每天的工作就是把羊群趕到青草茂密的地方，然後就在一旁看風景或小憩
一下，有時也會喝上幾口烈酒。

草原上的養蜂人是他唯一的鄰居，牧羊人想邀養蜂人和自己一起把酒暢
談。於是，他帶著酒找到養蜂人說：「朋友，你看這茫茫的大草原上，就我
們兩個人，不管怎麼說，我們都算是有緣人。為了緣分，今天我們就在一起
痛快地喝一杯吧！」

「我還有很多事情要做，再說我向來不喜歡飲酒，謝謝你的好意。」沒
想到這個養蜂人竟然拒絕了邀請，讓牧羊人心裡多少有些失落。

不過牧羊人並沒有太在意養蜂人的態度，他覺得養蜂人的話很誠懇，也
許他真的忙，不像自己那麼清閒，只要以誠相待，相信他會成為自己朋友
的。

這天，養蜂人正在帳棚裡睡覺，牧羊人叫醒他說道：「不好意思，打擾
了，我今天來是想買一些蜂蜜。」說完，就把準備好的錢遞了過去。

「沒關係的，你要蜂蜜，只管裝點就是了，不用給錢。」

「那不行，你也不容易，我不能白要你的蜂蜜。」雖然養蜂人很客氣，

但是頭一次買蜂蜜就不給人家錢，也說不過去，牧羊人依然把買蜂蜜的錢給養蜂人留下了。

又過了幾天，牧羊人覺得這個地方的水草不太好了，想找養蜂人商量一下搬家的事情。當他走到養蜂人帳棚外的時候，他那靈敏的嗅覺突然聞到一股酒香飄了過來，「不

蜂巢。

會是他自己在喝酒吧？」牧羊人悄悄掀起帳棚一角，果真是養蜂人獨自在飲酒，頓時他的自尊心受到了莫大的傷害，一聲不響地轉身離開了。

回去以後，牧羊人越想越生氣：「這分明是看不起人！既然他用謊話來戲弄我，我也戲弄他一回。」牧羊人打定主意趁蜜蜂飛出巢穴時準備偷蜜，哪知他剛一碰到蜂巢，就被看守的蜜蜂發現了，隨即蜜蜂用特殊的訊號通知了附近所有的夥伴，牠們嗡嗡叫著從四面八方飛來，圍攻這個不速之客。牧羊人顧頭不顧手，臉上、手上被螫滿了包。

牧羊人的慘叫聲驚動了養蜂人，他從帳棚裡跑出來，趕緊替牧羊人解了圍，並告訴他說：「蜜蜂有很強的自我防範意識，牠們以為你要侵佔牠們的勞動成果，所以會用這種方式採取保護。如果你不靠近蜂巢，牠們是不會隨便襲擊你的，因為牠們在反抗過後，自己也會很快死去的，所以盡量不去招惹的好。」

尷尬萬分的牧羊人聽了養蜂人的話，不知道該說什麼。

偷蜜人被螫也是必然的，因為他破壞了生態系統中的相互關係。
在生態系統中，生物成分之間以及生物成分和非生物環境之間的相互關

係維持著生態系統的平衡和穩定。

　　生態系統的主要成分包括非生物的物質和能量，生產者、消費者和分解者。生產者就是指植物，它透過光合作用，製造有機物，為自身和動物提供營養；動物做為消費者，直接或間接以植物為食；分解者就是指細菌等微生物，它可以將死亡的有機體分解為簡單的無機物並釋放出能量，其中無機物能被植物再利用而保持生態系統的循環。

　　生物成分之間的相互作用可表現在種內關係和種間關係上。種內關係如：種內合作、種內競爭、性選擇、社會等級分工等；種間關係如：競爭、表面競爭、捕食、共生、寄生、原始合作等。非生物環境與生物成分之間的相互作用表現在生物對環境，或生態因子的適應性上，而環境也會被生物所改造，也就是協同進化。

　　生態系統的組成成分相互作用，協同進化，有機地構成了一個整體。進而使生態系統具有特別的結構，並有一定的功能，如物流、能流、基因流、資訊流等。

小知識：

朱爾・博爾代（西元1870年～西元1961年），比利時免疫學家與微生物學家。1906年，他與同事合作研製出抗咳菌苗，後又獨立研製出抗白喉病菌苗。因為在免疫性和血清治療上的重大發現，他榮獲了1919年諾貝爾生理學或醫學獎。

400個孩子的父親擔憂子女亂倫 是基因工程面對的難題

基因工程又被稱為是DNA重組技術，就是使用一種特殊的技術將一種經過特殊處理的基因導入到一個目標細胞之內，進而使這個基因在此細胞內完成複製、轉錄等功能，這樣就會改變一個生物體原有的遺傳特性，於是一個新的「產品」就出現了。

在這個世界上，大概沒有人不知道科克‧馬克賽的，他是「凱門化學」公司的執行長，而讓他名聲大震的是他的另外一個身分，他同時還是四百個孩子的父親。

科克‧馬克賽現年五十一歲，在1980年到1994年長達十六年的時間裡，他一共捐獻精子1456次，以幫助那些不孕的婦女實現生子的夢想。

開始捐獻精子的時候，科克‧馬克賽並沒有做過太多的考慮，可是後來發生事情提醒了他，讓他徹夜難眠。

醫院方面對精子捐獻者的身分是保密的，在2007年，有兩個女孩子設法透過「捐精者同胞登記網站」找到了他，並跟他取得了聯繫。這兩個女孩子其實離他都很近，這讓科克‧馬克賽突然想到，自己的這幾百個孩子可能住的都不太遠，也就是說，他們之間完全有機會認識甚至有可能戀愛繼而亂倫……這個不難發生的後果讓科克‧馬克賽有些不寒而慄。

帶著這個極度的擔憂，科克‧馬克賽參加了哈佛大學教授喬治‧丘奇創辦的「哈佛私人基因組計畫」。喬治‧丘奇把為科克‧馬克賽個人繪製的基因組的詳細資料公布到網上，並告知了在1980年到1994年間所有因不孕而接受精子捐獻的婦女以及她們的孩子，如果她們懷疑自己可能是科克‧馬克賽

後代的話，科克・馬克賽完全配合接受他們的DNA比對檢驗。

並且為了更多的試管嬰兒方便核對自己的DNA，科克・馬克賽還聯繫美國「捐精者同胞登記網」，舉辦了一個「凱門生物醫學研究協會」，專門蒐集精子捐獻者以及接受精子捐獻者的資訊，這些人如果想知道自己跟誰之間有著血緣關係的話，只需要支付八十美元費用，然後寄去自己的唾液樣本，就可以在資料庫裡查詢有關的資訊。

至此，這個基因資料庫已經成功地幫助很多精子捐獻者找到了他們的後代，也使很多試管嬰兒透過這個管道與自己的同胞兄弟姊妹們相認，而且這個計畫將會一直進行下去。

四百個孩子的父親擔憂子女亂倫並不是沒有根據的，這也讓我們看到了基因工程所面臨的一個難題。

基因工程做為生物工程學的一個重要的分支學科，又被稱為是DNA重組技術，簡單地說，就是一種在分子水準上對基因進行一種複雜的操作技術。生物學家們使用一種特殊的技術將一種經過特殊處理的基因導入到一個目標細胞內，進而使這個基因在此細胞內完成複製、轉錄等功能，這樣就會改變一個生物體原有的遺傳特性，於是一個新的「產品」就出現了。

基因工程在二十世紀獲得很大的進展，主要表現在轉基因動、植物和複製技術上。但是基因工程也將給人類的生存環境帶來一些十分不利的影響，主要表現在以下幾個方面：

第一，轉基因農作物將產生不可控制的污染。

第二，改變人體基因可能帶來難以預料的危險，或導致人類的特徵趨於單調。例如，基因療法可以醫治甚至預防遺傳病，但這種療法雖然可以去除、取代或改變引起遺傳病的基因，但是，由於基因改變會牽涉到某些不確定因素，很可能引起極端缺陷症和可怕的突變。因此，對人體基因療法的研究應當非常小心謹慎。

第三，基因改造會使物種的特性趨同，進而破壞生物的多樣性，縮小其生存的迴旋餘地。

第四，基因改造技術應用於軍事上，可以研製新的毀滅性殺傷武器。

小知識：

羅伯特・巴拉尼（西元1876年～西元1936年），奧地利生理學家。由於對內耳前庭的生理學與病理學研究的突出成就，而獲得1914年諾貝爾生理學或醫學獎。著有《半規管的生理學與病理學》和《前庭器的機能試驗》等。

環保大會的召開
為的是尋找生物能源

生物能源既不同於常規的礦物能源，又有別於其他新能源，兼有兩者的特點和優勢，是人類最主要的可再生能源之一。

減少碳排放量，遏制氣候變暖已經是一個刻不容緩的話題。2007年，風景宜人的峇里島迎來了一批尊貴的客人，他們一部分是政府官員，一部分是來自聯合國以及非政府組織的代表，還有一部分是全球各大權威媒體的記者，總數達到1.1萬人之多。這些人齊聚峇里島，商討解決氣候變暖的問題。為了保障會議順利召開，當地政府派出了七千多名保安，以及五千多名翻

哥本哈根新港。

譯，另外還配備了大量的交通工具以及室內的空調設施。大會結束以後，經過有關部門計算，這次萬人大會的二氧化碳排放量達到了4.7萬噸，相當於一些小國一年的碳排放量。為此，這次大會受到了當地環保人士的嚴厲指責，認為這次大會打著環保的旗幟，最終卻成為了環保的殺手。

汲取2007年峇里島的教訓，2009年的哥本哈根環保大會進行了改進。做為一個童話王國而又同時做為一個注重環保的城市，哥本哈根近些年來一直在尋求怎樣合理開發利用能源，以求最大程度減少對環境的影響。

在這次會上，主辦方自有妙招，他們採取了一系列措施來降低碳排放量，從建築材料到生活和辦公用品，從交通到飲食，一切都盡可能地避免污染環境。

就拿交通工具來說，丹麥政府專門設計了世界上第一款使用生物乙醇做燃料的防彈轎車，並且還為參加會議的人員提供了免費的自行車。如果有人願意趁此機會逛一逛哥本哈根的話，還可以乘坐城市裡利用電力驅動的公共汽車。鑑於哥本哈根獨特的地理優勢，主辦方為與會者提供了清澈衛生的自來水，喝水的杯子也是可以生物降解的塑膠杯。並且在會議期間所提供的食物百分之六十五以上的都是沒有使用人工化學物質、基因改造的純天然食物。

這一系列措施有效地保護了環境，同時減少了二氧化碳的排放量。最後，會議還決定，在今後幾年內，拿出一百萬美元對孟加拉首都達卡所有的老式磚廠進行改造，使其變成高效而又環保的磚廠。

在生態系統中，植物透過光合作用生成了很多有機物，這些有機物質又被稱為是生物質，因此生物質也可以被稱為是太陽能的一種。而且這些物質所蘊藏的能量是十分驚人的，根據生物學家估算，地球上每年生物能的總量約1400～1800億噸，這一數字相當於目前世界總能耗的十倍。

隨著人類大量使用礦物燃料帶來的環境問題日益嚴重，各國政府開始重

視生物質能源的開發與利用。這也使得生物學上關於生物能源的研究成果得到了實際的應用。例如，沼氣的使用就是典型的利用生物能源的例子。沼氣是微生物發酵秸稈，禽畜糞便等有機物產生的混合氣體，能夠用來做燃氣，進而節省了煤氣。

不僅如此，生物能源還有很多優於其他能源的地方，這也是生物能源如此受全世界生物學家青睞的重要原因。

首先，使用生物能源既是保障能源安全的重要途徑之一，同時又可以減輕目前環境污染的現狀。

其次，生物能源是可再生能源領域唯一可以轉化為液體燃料的能源。

第三，生物能源的發展可以有效促進能源農業的發展。

總之，生物能源的開發和利用可帶來以可持續發展為目標的循環經濟，這種循環經濟已經成為很多國家經濟發展的目標之一。

小知識：

查理斯・里謝（西元1850年～西元1935年），法國醫學家、生理學家。最初從事神經和體溫等方面的生理學研究，後來轉而研究血清療法這一課題。由於發現了身體對某種抗原物質的特異反應而獲1913年諾貝爾生理學醫學獎。

從磺胺崇拜到中毒事件
提醒人們建立正確的微生物工程

微生物工程又可以稱為發酵工程，是指採用現代工程技術手法，利用微生物的某些特定功能，為人類生產有用的產品，或直接把微生物應用於工業生產過程的一種技術。

1932年，德國化學家合成了一種名為「百浪多息」的紅色染料。它具有一定的消毒成分，經常被用來治療丹毒等症狀。在一個偶然的機會裡，「百浪多息」竟然奇蹟般地治好了德國生物化學家杜馬克因得了敗血症而生命垂危的女兒。於是，生物化學家們開始對「百浪多息」的藥物成分進行了仔細的分析，進而分解出一種叫做磺胺的物質。

從此，磺胺的名字便在醫學界盛傳開來，在1937年至1941年短短幾年時間裡，專家們相繼研製出了磺胺吡啶、磺胺噻唑、磺胺嘧啶等藥物，磺胺系列的藥品成為一個龐大的藥物家族而在醫學界迅速成長起來。

做為用於預防和治療細菌感染性疾病的化學特效藥物，磺胺的作用不可替代，它的主要功效是抑制細菌的繁殖，特別是針對鏈球菌、肺炎球菌、沙門氏菌、化膿棒狀桿菌、大腸桿菌有著極為顯著的作用。臨床被廣泛用於治療當時最為棘手的流行性腦膜炎、肺炎、敗血症等。另外，它還具有見效快、療效確切以及價格低廉的優點，在很長一段時間裡，它都是醫生的首選藥物。

可是人們在選擇這種藥物的同時卻忽略了一個最起碼的常識，那就是所有的藥物都有它不可分割的毒副作用，磺胺也不例外。患者長期服用後，那些細菌已經對磺胺產生了抗藥性，並且由於人們毫無節制地濫用磺胺類藥

品，他們已經無法擺脫藥物給身體所帶來的損害。1937年，美國爆發了一次嚴重的「萬靈磺胺」集體中毒事件，這次因中毒而死亡的人數高達上百人，因此類藥物產生的後遺症更是不計其數。這一事件，使那些對藥物過分依賴的人實實在在地接受了一次深刻的教訓。

就這樣，磺胺的黃金時代結束了，磺胺系列藥品開始淡出歷史舞臺。後來，隨著青黴素等一系列新抗菌藥物的問世，磺胺這個曾經壟斷一時的名字逐漸遠離了人們的記憶。

從磺胺崇拜到中毒事件給微生物學的研究敲響了警鐘，同時也提出了一個重要的課題，就是如何建立正確的微生物學工程。

微生物工程被稱為發酵工程。現在生物學上的一些先進的技術都可以對微生物進行生物改造，例如基因工程技術、轉基因生物技術、合成生物學技術等等。微生物工程也被一些生物學家稱為是大規模發酵生產工藝，就是透過一種現代生物科技手法將微生物發酵，進而產生一種對人類有用的物質。例如，釀酒工業就是將一些生物質進行發酵產生人類需要的產品。

微生物工程的研究在人們的現實生活中也有十分廣泛的應用，包括醫藥、食品、能源、環境保護和農牧業等等在內許多行業都有微生物學方面的應用。隨著微生物學研究的深入，相信微生物學會有更加廣闊的發展前景。

小知識：

施塔林（西元1866年～西元1927年），英國生理學家。1902年與裴理斯合作，發現刺激胰液分泌的促胰液素，1905年首次提出「激素」一詞。1915年宣布發現「心的定律」，對循環生理做出獨創性成就。

教百姓種農作物種出根瘤菌
在生化工程中的意義

生化工程其實就是生物化學工程，它是生物學結合化學的一門研究
型學科。通俗地說，生化工程就是利用化學工程技術對生物學進行
研究。

從跟百姓學種農作物到教百姓種農作物，賈思勰不辭辛勞跑遍了大半個
中國，在總結了先祖們種農作物的經驗以後，他回到家鄉進行進一步探索和
研究。

在總結農作物生長習性的時候，細心的賈思勰發現了一個特殊的例子，
那就是豆類作物是穀類作物的良好前作，就是說，在一塊田裡，如果先種豆
類作物，比如像大豆、小豆等，等到收割以後，把豆楂留在田裡，隨土壤一
起翻耕，然後再繼續播種大小麥、穀、黍、稷等穀類作物，那麼就會有意想
不到的收成。

賈思勰認為豆類作物屬於含油的作物，用他的話說就是「豆有膏」，所
謂的「膏」就是油的意思。試想一下，如果穀類作物的根部吸取了含油的肥
料，結果可想而知，收成自然是令人期待的。

豆類作物為什麼會有油呢？透過仔細的觀察，賈思勰發現了在豆類作物
根部有很大的根瘤，而在根瘤的周圍，聚集了許多根瘤菌。根瘤菌的主要作
用是透過輸導組織從皮層細胞吸收碳水化合物、礦物鹽類和水進行繁殖，在
此同時，它還具有良好的固氮作用。在根瘤相繼老化剝落的時候，根瘤菌也
隨之留在土壤裡，這樣也就加大了土壤的肥力。

豆類作物與穀類作物循環間種，對雙方都有好處。穀類作物繼承了豆類

作物肥沃的土壤，而在穀類作物種植期間，因為它們屬於密植作物，為了留給農作物更多的空隙，所以人們要不斷除草，而沒有雜草的土壤又恰恰是豆類作物最喜愛的生長環境。

以上的故事不僅讓人們瞭解了生化工程這個生物學上的新型研究方向，而且還道出了根瘤菌在生化工程中的重要的意義。

生化工程其實就是生物化學工程，它是生物學結合化學的一門研究型學科。通俗地說，生化工程就是利用化學工程技術對生物學進行研究。

這個新興專業的起源要歸功於1857年法國科學家L・巴斯德的實驗，他的實驗證明由活的酵母發酵可以得到酒精，這個研究成果揭開了生物化學研究的序幕。

從這之後就相繼出現了第一代生物化工產品、第二代的生物化工產品和第三代生物化工產品。

生化工程研究。

　　第一代生物化工產品是從十九世紀八〇年代起到二十世紀三〇年代末為止的化工產品，其中有乳酸、麵包酵母、乙醇、甘油、丙酮、正丁醇、檸檬酸等物質的發明，然後相繼投入了生產。

　　第二代的生物化工產品是在上世紀四〇年代隨著抗生素工業的興起而出現的。在這個時期，生物化學發生了翻天覆地的變化，化學工程師建立了發酵過程中的攪拌通氣，培養基和空氣滅菌等單元操作，為生物化學工程的建立奠定了初步的理論基礎。

　　第三代的生物化工產品的出現是在1974年以後，生物學出現了以重組DNA技術和細胞融合技術為代表的一系列新的成就，這是生物學界的一大重要的成就之一。

　　在我們的日常生活中也有生化工程的廣泛應用，比如感冒的時候，給病人注射的青黴素就是生化工程得到應用的一個典型的例子。相信隨著生物化學研究手法的進步，生物學一定會有更加廣闊的發展前景。

小知識：

　　卡爾‧蘭戴斯亭納（西元1868年～西元1943年），奧地利著名醫學家。他因發現了A、B、O三種血型，而於1930年獲得諾貝爾生理學或醫學獎。

讚美催化了年輕科學家的酶工程

酶工程簡單地說就是將酶或者是含有酶的一些細胞放在一定的生物反應裝置裡面，利用先進的工程手法和酶的催化功能將一些生物產品轉化成對人類有用的生物產品。

瑞典科學家雨果‧西奧雷爾雖然是一個殘障人士，但是他最終卻登上了1955年諾貝爾生理學或醫學獎的高峰，這與父親對他的鼓勵和讚美是分不開的。

小時候的西奧雷爾是一個好奇心極強的孩子，在他的眼裡，父親的手術刀就像是一個魔術道具，能夠讓那些痛苦不堪的病人解除病痛，所以他經常學著父親的樣子拿著小刀，對那些別的孩子見了都害怕的小蟲子進行解剖。對於兒子的行為，父親非但不責備，而且還讚美他的鑽研精神，甚至有時候也會和西奧雷爾一起解剖小昆蟲，指導他怎樣正確解剖和觀察昆蟲的內部結構。

有了父親的支持，西奧雷爾更加熱中於自己的生物研究事業。1921年，十八歲的西奧雷爾以優異的成績考入了瑞典著名的卡洛琳斯卡醫學院，這裡良好的試驗環境和醫學條件給西奧雷爾的研究提供了強而有力的幫助。九年以後，二十七歲的西奧雷爾便獲得了醫學博士學位。可是正當他野心勃勃地準備進一步開拓自己事業的時候，不幸降臨了，他得了一種怪病，兩腿發軟，甚至不能直立行走，這給他帶來了莫大的痛苦。

帶著殘疾的身體，西奧雷爾付出了比別人多出幾倍的努力與汗水。他長途跋涉到遙遠的柏林，虛心向世界一流的酶科學家請教，並把試驗的方法由化學改為物理試驗方法。經過不懈地努力，他的辛苦終於得到了回報。西奧

雷爾用自己設計並製造的電脈儀結合超離心的方法，證明他所得到的黃素酶是均一而純淨的。在後來的試驗中，他又把這種酶分解成為兩部分，即黃色的輔酶和無色的蛋白酶。西奧雷爾的這一成果使人們對生命的基礎細胞又有了更加深刻的認識，同時他的發現也轟動了整個生物醫學界。

簡而言之，酶工程就是將酶或者微生物細胞、動植物細胞、細胞器等放在一定的生物反應裝置中，利用酶所具有的生物催化功能，藉助工程手法將相對的原料轉化成有用物質並應用於社會生活的一門科學技術。它包括酶製劑的製備、酶的固定化、酶的修飾與改造及酶反應器等方面內容。

酶做為一種生物催化劑，已廣泛應用於各個生產領域。最早，人們是直接從動、植物或微生物體內提取酶做成酶製劑，進而得以生產人類所需要的各種產品，如製造乳酪、水解澱粉、釀造啤酒都是這種應用的代表。而現在生物學家們研究出來了一種透過微生物來獲取大量酶製劑的方法，如現在很多商品酶，像澱粉酶、糖化酶、蛋白酶等等都是來自於微生物。

近幾十年來，隨著酶工程的進步，在工業、農業、醫藥衛生、能源開發及環境工程等方面的應用越來越廣泛。

小知識：

格奧爾格·馮·貝凱西（西元1899年～西元1972年），美籍匈牙利物理學家、生理學家。1961年，他因發現耳蝸感音的物理機制而獲得諾貝爾生理學或醫學獎金。著作有1960年的《聽覺實驗》和1967年的《感覺的抑制》。

李時珍半夜尋「仙果」
是尋找生物活性物質

生物活性物質，是指來自生物體內的對生命現象具體做法有影響的微量或少量物質。

李時珍為了編寫《本草綱目》，帶著弟子龐憲到各地名山大川採集中藥。一天，他們來到太和山下，聽說山上有「仙果」，就想弄清「仙果」究竟是何物及其藥用功效，於是在山下找客棧住下。

第二天，李時珍一大早就來到太和山上的五龍宮道觀。原來「仙果」奇樹就在五龍宮的後院，每年長出像梅子大小的「仙果」。據觀內道士們說，此果樹是真武大帝所種，人吃了「仙果」可以長生不老。皇帝聽說此事後，降旨下令五龍宮道士每年在「仙果」成熟時採摘做為貢品送到京城，供皇家享用，並不許百姓進入五龍宮後院。誰要是偷看、偷採「仙果」，就是「欺君犯上」，有殺身之罪。

果然，等李時珍對觀內道長說出自己的來意，想到後院看一看「仙果」時，老道長一口否決了：「不行，這裡是皇家禁地，不是一般人隨便看的，你還是快點離開吧！」

李時珍解釋說：「我是從蘄州來的醫生，專門採集藥材，研究藥效的，我想瞭解一下『仙果』究竟有何妙用？」

白髮蒼髯的老道長仔細打量李時珍一番，依舊語氣堅決地說：「你雖是個醫生，但我要告訴你，『仙果』是皇家的御用之品，如果自找麻煩，當心皮肉之苦。」

李時珍再三懇求未果，只好無奈地下山了。可是他心有不甘，便在夜深

人靜時分，從另一條小道摸上山來。此刻，五龍宮一片寂靜，道士們早已酣然入睡。李時珍輕步繞到後院外，翻牆入院，快步來到果樹下，迅速採摘了幾枚「仙果」和幾片樹葉，然後翻牆而出，連夜趕下山去。

帶著「勝利品」回到客棧，李時珍格外興奮，他連忙叫醒弟子，一起來研究品嚐「仙果」。經過一番努力，李時珍解開了太和山「仙果」之謎。原來，「仙果」名叫榔梅，其藥用功效與梅子差不多。瞭解至此，李時珍提筆在《本草綱目》第二十九卷寫道：「榔梅，只出均州太和山，杏形桃核。氣味甘、酸、平，無毒，主治生津止渴，清神下氣，消酒。」

中國古代名醫李時珍。

經過研究發現，現在的生物學家們真正解開了「仙果」之謎，它含有大量生物活性物質，對人體健康非常有利。

生物體內有很多對生命現象有影響的微量或少量物質，這些物質被生物學家們稱做是生物活性物質。它還存在於很多食物中，當與身體作用後這些生物活性物質能夠引起各種生物效應。

生物活性物質的種類很多，包括糖類、脂類、蛋白質多肽類、甾醇類、生物鹼、甙類、揮發油等等，這些物質主要存在於植物性的食物中，有的是對人體有利，有的是對人體有害。例如，食用魚類能降低血漿膽固醇或血壓進而使心臟病的發病率降低，這應歸功於魚中的不飽和脂肪酸。

們常見的菌類，如秀珍菇、香菇等可以做菜也可以做湯，但是某些食用傘菌含有多種生物活性物質，它們含有大量的有毒或致癌物質，攝取的話就會對人體產生不良的影響。

還有的生物活性物質是透過干擾生物體中其他有利物質的吸收而引起有害的作用，例如茶中的丹寧是鐵吸收的抑制劑；肌醇六磷酸可導致維生素D和鋅的缺乏。

小知識：

傑克・紹史塔克（西元1952年～），美國生物學家。他與伊麗莎白・布萊克本、卡蘿爾・格雷德一起憑藉「發現端粒和端粒酶是如何保護染色體的」這一成果，揭開了人類衰老和罹患癌症等嚴重疾病的奧秘，並獲得了2009年諾貝爾生理學或醫學獎。

四處打工求學的科學家布洛格
宣導綠色革命

人類為了能夠與生態環境和諧發展進行了一系列活動，這些活動被統稱為綠色革命。

布洛格是一位生物學家，他為了求學，歷盡艱辛不斷奮鬥。為了解決學費問題，他到農場做過苦力，每天工作二十小時，還為獸醫餵養過動物和清掃獸籠。

1937年，他來到美國冷山觀察站工作。這是美國最偏僻、最荒涼的地方，觀察站設在重巒迭峰之間的一座小屋中，完全與外界隔絕。布洛格獨自一人在海拔8600英尺的深山林海中工作，他的任務是觀察森林火災，發現隱憂，立刻用無線電報話機向外界報警。

這裡有兇猛的動物，在溝壑裡還聚集著各式各樣的毒蛇，如果不小心中毒了，即使你等上幾天也不會有人來救你，因為這裡根本就沒有人煙。運送生活用品和食物，需要往返兩個多小時，其間還要翻過斷裂的山口。布洛格知道工作的艱苦，可是他還是堅持了下來。

他一人在這裡工作，並不感到寂寞，因為他偶爾會獵取小松雞或者釣釣魚，給自己補充一下營養，況且屋外還有一個大世界，總能發現一些令人驚奇的東西，並沉迷其中。最後，布洛格以堅強的毅力和驚人的勇氣，完成了護林任務，得到了林業局的稱讚，並解決了令他頭痛的學費問題。

布洛格上學期間，因為要解決經濟上的困難，他常常拿出大部分時間用來打工，學習時間經常放在晚上，但他最終還是以優異的成績完成了大學學業。

　　科學家布洛格做為生物學上一名頗有成就的學者，曾經宣導過綠色革命。如今，綠色革命做為一個新的課題受到了生物學界的重視。

　　生物學經歷了兩次著名的綠色革命：

　　第一次綠色革命的傑出代表就是中國的雜交水稻。雜交水稻的出現大大提高了農業生產力，促使農業由傳統型向現代型轉變。但是這次綠色革命也有明顯的缺陷，就是水稻缺乏足夠的礦物質和維生素，因此又有人提出了要進行的第二次綠色革命。

　　第二次綠色革命一個艱鉅的歷史任務就是幫助落後地區人口擺脫貧困，加強環境保護，進而促進社會的可持續發展。至今，第二次綠色革命仍在進行中，雖然生物學家們結合先進的生物科技培育了一些優良的農產品品種，但也面臨著新的目標和新的挑戰。

小知識：

阿達‧約納特（西元1939年～），以色列科學家。2009年因「核糖體的結構和功能」的研究而獲得2009年的諾貝爾化學獎。

幸運苜蓿草的傳說有可能源於轉基因技術

轉基因技術是將人工分離和修飾過的基因導入到生物體基因組中，由於導入基因的表達，引起生物體的性狀的可遺傳的修飾，這種技術稱之為轉基因技術。

在一片美麗的桃園裡，住著一對互相深愛的戀人。有一天，他們因為一件小事吵了起來，彼此都不肯讓步，最後被愛神知道了。

愛神欺騙他們說：「你們這對可憐的戀人，很快就將遭遇不幸，只有在桃林深處生存的四葉草才能化解。」這對戀人聽後，裝作無所謂，其實心裡都為對方擔憂。愛神走後，天空突然下起了暴雨，兩個人心急如焚，生怕自己的戀人遭遇不測，於是他們瞞著對方冒著大雨朝桃林深處走去，尋找那一片四葉草。當他們最終知道對方都很在乎自己時，非常感動，就這樣，四葉草見證他們的愛情。

四葉草就是苜蓿草，它通常只有三瓣葉子，存在四瓣葉子的機率很低，一萬株四葉草中才有一株有四瓣葉子，四瓣葉子隱喻著上天對人的眷顧。相傳四葉草是亞當和夏娃從伊甸園帶到人間最奇特的禮物，也有的說法認為四葉草源自拿破崙。一次，拿破崙帶著部隊

苜蓿花。

越過草原，發現了一株長有四瓣葉子的草，他俯身去採摘時，正好躲過了向他射來的子彈。從此，四葉草便叫幸運草。

　　幸運苜蓿草的傳說有可能源於轉基因技術，這種說法並不是沒有依據的，我們可以根據轉基因技術來探尋其真偽。生物學家透過使用一些先進的生物科技手法，將一種生物體內的基因提取出來放到另外一種生物體的體內，促使這種基因與另一種生物體內的基因進行重新組合，進而產生一種人們需要的生物製品，這一個過程中使用的技術就被稱為是轉基因技術。

　　轉基因技術與傳統育種技術有兩點重要區別：

　　第一，傳統雜交育種技術只能在相同生物物種內進行基因轉移，而轉基因技術則不受生物物種生殖隔離限制，可以在不同物種間轉移基因。

　　第二，傳統的雜交育種技術是在生物個體水準上進行的，兩個品種雜交後，來自母本的基因和來自父本的基因混在一起，透過父母基因的重新組合產生新的變異。而轉基因技術是從一個物種獲得一個功能清楚的基因，並將這個基因轉移到需要它的物種中，達到品種改良的目的。

小知識：

郭宗德（1933年－），台灣植物學家，中央研究院院士。

台南二中、台中農學院（現國立中興大學）植物病蟲害學系畢業，國立台灣大學植物病蟲害學研究所碩士，美國加州大學戴維斯分校博士。

曾任中央研究院植物學研究所助理研究員、副研究員、副所長、所長。

1974年當選中央研究院第十屆生命科學組院士。

核酸研究揭開
「月亮兒女」患病的真相

核酸是由許多核苷酸聚合成的生物大分子化合物，為生命的最基本
物質之一。

　　浩瀚的大西洋一望無際，在這片充滿神奇與浪漫的海洋中，孕育了一個
奇特的民族──「月亮兒女」。

　　「月亮兒女」生活在林索伊斯島上，這裡距離巴西聖路易市130公里，幾
乎與世隔絕。整個民族僅有三百多人，他們的頭髮、皮膚全是雪白透亮的，
眼睛的虹膜為粉紅色，視力非常差。令人不可思議的是，他們非常害怕陽
光，整天都穿著長袖衫褲，帶著帽子。與討厭陽光相反，月亮兒女們特別喜
歡月亮，每到月光皎潔的晚上，男女老少便會脫下服裝和帽子，成群結隊地
來到沙灘上，他們一邊唱歌，一邊跳舞，盡情表達心中的愉悅和幸福。

　　因為偏愛月亮，「月亮兒女」的名號由此而來。到底是什麼原因讓他們
與眾不同，與月亮結緣呢？「月亮兒女」不知道答案，也不去追究答案，他
們祖祖輩輩生活在這裡，視月亮為神聖之物，日復一日地躲避著陽光，享受
著月亮帶來的歡樂。

　　二十世紀七○年代，隨著核酸研究深入，研究人員終於弄清楚了「月亮
兒女」的秘密，原來他們都患了白化病。

　　白化病是一種家族遺傳性疾病，由於先天性缺乏酪胺基酸酶，或者酪胺
基酸酶功能減退，導致黑色素合成障礙，因此皮膚、毛髮、眼睛缺少黑色
素，結果皮膚、毛髮呈現白色，眼睛視網膜無色素、虹膜和瞳孔呈粉紅色，
怕光。

從白化病的症狀對照「月亮兒女」的表現，一點也沒有差錯。可是還有一個問題困惑著人們：白化病屬於隱性遺傳病，在普通人群中發病率不高，可是從「月亮兒女」來看，他們整個民族都患有病狀，難道還有其他原因？

如果從核酸角度進行研究，問題就會迎刃而解，因為「月亮兒女」生活在小島上，幾乎不與外界交往，他們人口少，所有的居民都是近親婚配，結果白化病基因代代相傳、不斷累積，最終導致全島居民都成了白化病患者。

根據化學組成不同，核酸可分為核糖核酸（簡稱RNA）和去氧核糖核酸（簡稱DNA），DNA是儲存、複製和傳遞遺傳資訊的主要物質基礎，RNA在蛋白質合成過程中有著重要作用。

生物學家Watson和Crick於1953年創立的DNA雙螺旋結構模型被稱做是核酸研究中劃時代的重大成就之一。從此之後的三十年間核酸的研究又在此基礎上得到了長足的發展，1975年Sanger發明的DNA測序加減法為弄清楚DNA順序做出了巨大的貢獻。近十幾年，憑藉先進的DNA測序技術及其他基因分析手法，生物學家們又致力於研究人類基因組圖的製作，基因組圖一旦製作完成將會對人類的健康產生不可估計的影響。

小知識：

黃榮棋，1958生於彰化鹿港。台大動物系畢業，美國伊利諾大學生理及生物物理學博士。曾於美國約翰霍普金斯醫學院暨霍華休斯醫學院擔任博士後研究員。現任長庚大學醫學系生理暨藥理科副教授、並長期擔任《科學人》雜誌編譯委員。神經生理實驗室主持人，專研哺乳動物生物時鐘細胞與離子通道表現。

逃跑的野山羊
不願意做外來入侵物種

外來入侵物種指的是那些原來在一個地區生存，後來由於各種原因而進入到其他的區域，或者是藉助於人類的活動越過無法自然逾越的空間屏障而進來的物種。

有一位牧羊人趕著羊群在草原上放牧，忽然，不知道從哪裡跑過來幾隻野山羊，混雜的羊群裡，和山羊一起吃草。天快黑了的時候，牧羊人將跑來的野山羊一起帶回來。

第二天，天空下起了暴雨，因為天氣的原因無法放牧，牧羊人就從倉庫裡取出一些乾草分給山羊吃，在分乾草的時候，牧羊人特意給野山羊分了很多，他想靠這種辦法來馴服野山羊。草原的天空，像愛哭的孩子一樣，說變就變，剛才還是狂風暴雨，轉眼豔陽高照了。於是，牧羊人驅趕著羊群，前往牧場放牧。路上，野山羊突然脫離羊群，朝山裡跑去。

牧羊人衝著逃跑的野山羊們吼道：「我對你們那麼好，你們竟然還想逃跑，真是忘恩負義的傢伙！」

野山羊停住腳步回答道：「正因為你對我們太好了，所以我們才無法相信你。因為你對剛來的比對一直熟悉的還要好，那麼以後再有其他的野山羊混進來，一定會輪到我們被忽視了。」

外來物種引進是與外來物種入侵密切相關的一個概念。任何生物物種，總是先形成於某一特定地點，隨後透過遷移或引入，逐漸適應遷移地或引入地的自然生存環境並逐漸擴大其生存範圍，這個過程即被稱為外來物種的引

進（簡稱引種）。

　　毋庸置疑，正確的引進會增加引種地區生物的多樣性，也會極大豐富人們的物質生活。相反，不適當的引種則會使得缺乏自然天敵的外來物種迅速繁殖，並搶奪其他生物的生存空間，進而導致生態失衡及其他本地物種的減少和滅絕，嚴重危及一國的生態安全。此種意義上的物種引進即被稱為「外來物種的入侵」。

小知識：

　　卡爾文（西元1911年～西元1997年），美國生物化學家、植物生理學家。他與A・A・本森等從1946年起經九年左右的時間，終於弄清了光合作用中二氧化碳同化的循環式途徑，即光合碳循環（還原戊糖磷酸循環），被稱為「卡爾文循環」。為此，他被授予1961年度的諾貝爾化學獎。著有《同位素碳的測量及化學操作技術》、《碳化合物的光合作用》、《化學演化》等。

為老虎治病的孫思邈登上了生態金字塔

把生態系統中各個營養級有機體的個體數量、生物量或能量，按營養級位順序排列並繪製成圖，其形似金字塔，故稱生態金字塔或生態錐體。

孫思邈行醫歸來，見到一隻白額大虎趴在自家門口，牠不時張大嘴巴，發出痛苦的哀嚎。孫思邈躲在樹後觀察著老虎，頓時領會了老虎的意思，原來牠是來找自己看病的。

此時正是春暖花開時節，很多小動物都開始出來覓食，這樣就為老虎提供了豐富的食物，牠可能在捕食過程中，不小心將一根骨刺卡進了喉嚨裡。

面對一隻食人不眨眼的老虎，孫思邈毫不畏懼，只見他坦然無懼走到老虎眼前，扳開老虎的大嘴，仔細診視了一番，發現一根骨刺卡在了老虎喉嚨裡。孫思邈擔心老虎受不了疼痛會閉上嘴巴，用門上的鐵環撐著老虎的大嘴，將骨刺拔了出來，並上了些藥。老虎頓時感到咽

孫思邈，唐朝京兆華原（今陝西耀縣）人。少年時為治療父母的疾病，四處拜師，經過刻苦學習，不斷實踐，終於成為一代名醫。

喉處一陣清涼，傷口也不那麼疼痛了，便興奮地仰天長嘯幾聲，然後像溫馴的小貓一樣趴在孫思邈的身旁。

老虎為了感謝孫思邈的救命之恩，每年二月杏花盛開時，都會來孫思邈杏林中守候，直到杏子收成之後才離開。這就是「虎守杏林」的故事。

為老虎治病的孫思邈詮釋了生態金字塔的意義，老虎登上生態金字塔的頂端，屬於高端動物。

生態金字塔的原理可用一個十分形象但又不很嚴格的比喻來概括：大約1000公斤浮游植物能轉變成100公斤浮游動物，而100公斤浮游動物才能轉變成10公斤魚，而10公斤魚大致是人長1公斤組織所需要的食物。這個規律稱為「十分之一法則」，是美國生物學家林德曼提出來的。該法則說明，在生態金字塔中，每經過一個營養級，能流總量就減少一次。食物鏈越短，消耗於營養級之間的能量就越少，縮短食物鏈，就能供養較多的人口。

生態金字塔總共有三種類型：生態數量錐體、生態生物量錐體、生態能量錐體。生態能量錐體一定是一個上尖下大的金字塔形錐體，然而，生態數量錐體就未必是上尖下大的「金字塔形」錐體，這是因為有些生物的能量少，但是數量會很多，有些生物的能量多，但是數量卻很少。

生態金字塔在我們的日常生活中有廣泛的應用，包括生物系統中的生產者、消費者、分解者等等都是在此基礎上運做的。

小知識：

利根川進（西元1939年～），日本生物學家。他發現了身體免疫細胞組是如何利用數量有限的細胞生成特定的抗體，來抵抗成千上萬種不同病毒和細菌，並以此獲得了1987年的諾貝爾生理學或醫學獎。

福壽螺遭人唾棄
充分揭示入侵的危害性

有意引種，指人類有意實行的引種，將某個物種有目的地轉移到其
自然分布範圍及擴散潛力以外；無意引種，指某個物種利用人類或
人類傳送系統為媒介，擴散到其自然分布範圍以外的地方，進而形
成的非有意的引入。外來物種都是透過這兩種方式被引種到其非原
產地。

　　在人們食用福壽螺、談論福壽螺時，也許並不瞭解牠的由來和出身。
原來福壽螺來自遙遠的南美洲，牠之所以來到中國，在異鄉他國「安家立
業」，源自二十世紀八〇年代。當時，廣東省有些人為了發財致富，將福壽
螺引進養殖。

　　可是事與願違，養殖戶很快發現，福壽螺市場並不看好，回報非常低。
既然不能發財，養著福壽螺還會佔據地方，消耗能源，不如放生算了。於是
有些養殖戶們就把福壽螺放走了，讓牠們回歸自然，自生自滅。

　　沒想到，福壽螺進入陌生的環境之後，由於沒有天敵，再加上牠們具有
超強的繁殖能力，不多久，如同蝗蟲漫天一樣，迅速侵佔了當地的水田，並
蔓延開來，廣東、廣西、福建、江蘇等地都成為牠們攻佔的目標。這些福壽
螺在稻田中大量繁殖，導致水田受災，大片水稻被毀。

　　面對這種毀滅性打擊，人們發動了滅螺大戰。經過長時間治理，才初步
控制福壽螺在稻田中的災害。不過由於福壽螺極強的生存能力，田邊地頭、
水溝池塘裡的福壽螺難以消滅乾淨，還會隨著流水侵入農田，同時，牠們也
成為一些人的「野味美食」，直接危害人類健康。

267

福壽螺。

在中國，類似福壽螺這樣的外來物種還有很多，比如牛蛙、巴西龜，以及瘋長的水葫蘆、引起枯草熱疾病的豚草等。如果低估牠們的危害性，造成的損失將會更大。

對一個特定的生態系統與棲息環境來說，非本地的生物（包括植物、動物和微生物）透過各種方式進入此生態系統，並對生態系統、棲地、物種、人類健康帶來威脅的現象就稱為外來生物入侵。福壽螺遭人唾棄充分揭示出了外來生物入侵的危害性。

生物入侵對自然生態系統的影響主要包括以下幾點：

1、改變地表覆蓋，加速土壤流失。

2、改變土壤化學循環，危及本土植物生存。

3、改變水文循環，破壞原有的水分平衡。

4、增加自然火災發生頻率。

5、阻止本土物種的自然更新。

小知識：

里塔・萊維-蒙塔爾奇尼（西元1909年～）義大利籍和美國籍神經生物學家。由於發現了神經生長因子以及上皮細胞生長因子，她與美國生物化學家斯坦利・科恩在1986年獲得諾貝爾生理學或醫學獎。

農夫從討厭到喜歡蘋果樹的轉變說明不同環境下生物的不同價值

不同的環境會對生物產生不同的影響，任何一種實際存在的生物所表現的形式，都是環境影響的結果。

農夫家後園裡種著一棵蘋果樹，因為蘋果樹年歲太長，已經不能繼續結出果子。樹椏上堆滿了鳥巢，烏鴉們在上面安家落戶已有許多年，牠們將蘋果樹當做自己的王國，每天在上面嘰嘰喳喳叫個不停，彷彿這就是牠們生活的全部。

農夫非常討厭聒噪的叫聲，於是他決定將蘋果樹砍掉。這天農夫提著斧頭，狠狠地朝樹根砍下去，烏鴉們和在蘋果樹生存的其他生物見到這個情景，立刻跑到農夫身邊懇求說：「請你不要砍它好嗎？蘋果樹沒有了，我們就失去了快樂的家園。」

「這關我什麼事？這樹是我種的，我有權利決定它的命運。」農夫狠狠地將斧頭砍向樹根，大聲說道。

「如果你不砍樹，我們可以每天為你唱歌，為你妝扮著家園。」烏鴉們哀求道。

「我討厭聒噪，你們這些四肢不動的傢伙趕快給我消失。」說完，農夫繼續砍伐樹根。

不多時，農夫忽然發現樹幹中央有個洞，他將斧頭扔到地上，徒手將洞口弄大，發現裡面有個蜂窩，蜂窩裡全是金黃色的蜂蜜。農夫沾了一點蜂蜜，嚐嚐後高興地喊道：「太好了，這真是個寶藏，以後有得吃了！」從此，農夫把蘋果樹當做寶物一樣愛護。

270

農夫從討厭到喜歡蘋果樹的轉變，說明不同環境下的生物有著不同價值，因此，這就成了生物學家們的一個研究課題。

任何生物體從誕生開始就會有一定的生存環境，在周圍的生存環境中會有一些影響它生存的因素，例如光照、溫度、空氣中的氧氣和二氧化碳等屬於自然方面的生存環境，除了這些自然方面的環境，人類活動也構成了生物體的周圍環境。

環境會對生物體造成一定的影響，生物體對環境也有反作用，也就是說雙方的關係是雙向互動的而不是單向的。就像森林的存在，可以改善氣候、涵養水土、保護野生動物；而毀林開荒，可造成水土流失、土地沙化、氣候惡劣、生態環境破壞，物種喪失，最終危害到人類自身的生存。

另外，不同的環境又會對生物產生不同的影響。如果生存環境很適合生物發展的話，環境就會對生物的生存和發展有著積極的作用；相反，不良的環境會對生物體的發展有著阻礙和破壞作用。所以說，任何一種實際存在的生物所表現的形式，都是環境影響的結果，就像一棵生存在石縫裡的小草一樣，它會根據生存的環境而改變自身的性狀，進而適應這種艱難的生存環境。

研究生物和環境的關係在現實生活中有很多應用，例如，研究改善農業生產結構，以適應當地生活環境的變化，進而促進當地經濟的發展。

小知識：

連日清（1927年～），生於台北市大稻埕，綽號蚊人，長期研究蚊子，與經由蚊子傳播的熱帶傳染病，包括瘧疾與登革熱。因此獲得衛生署第一等與第二等獎章，也是2010年特殊醫療貢獻獎的得主。

第4篇
生物學帶來豐碩的科技成果——生物學應用

以訛傳訛的「殺人狼桃」
揭開維生素在生命中的地位

維生素是人和動物為維持正常的生理功能，而必須從食物中獲得的一類微量有機物質，在人體生長、代謝、發育過程中發揮著重要的作用。

番茄，是一味甜美可口的蔬菜，深受大眾喜愛。可是很早以前，人們不敢吃它，土著居民稱呼它為「狼桃」，並以訛傳訛，說它有毒。

有一年，一位秘魯少女患了貧血，禍不單行的是，她又失戀了。身體的疾病加上心理的折磨，讓她痛不欲生。這位少女決定自殺，以逃脫不幸的遭遇。怎麼樣死去呢？少女想到了狼桃。她來到田裡，挑選了很多鮮紅飽滿的「狼桃」，大口大口地嚼食起來。

「狼桃」水分特多，酸甜可口，少女吃完幾顆後，並沒有死去。她十分

番茄。

不解，以為自己吃太少了，於是接著吃起來。然而，她仍沒有中毒身亡，令她奇怪的是，她比從前感覺好多了。從此，她迷上吃「狼桃」，食用一段時間後，她睡眠比從前香甜，臉色比從前紅潤，身體也逐漸強健起來，並且貧血有了明顯好轉。

消息傳開，秘魯人們這才知道「狼桃」不僅沒毒，還是一種美味且能夠治療貧血的食品，於是大家都開始吃「狼桃」。

在世界其他地方，也有關於食用番茄的各

種傳說。據說早在十七世紀，法國有一位畫家，湊巧的是，他也是位貧血患者，在畫番茄的過程中產生了試吃的渴望。他吃後感覺非常不錯，於是欣喜若狂地將消息告訴他人，從此法國乃至歐洲也開始了食用番茄的歷史。

到了十八世紀，義大利廚師首次將番茄做成美味佳餚，正式將其擺上了餐桌。

番茄富含維生素A、C、B_1、B_2以及胡蘿蔔素和鈣、磷、鉀、鎂、鐵、鋅、銅和碘等多種元素，還含有蛋白質、糖類、有機酸、纖維素。近年來，營養專家研究發現，番茄還具有新的保健功效和防治多種疾病的藥用價值。

維生素做為人體不可缺少的有機化合物，對於維持人體的健康有著重要的作用。人體是一個十分複雜的組織結構，在人體內時時刻刻都在進行著各種化學反應，這些化學反應都必須要有輔酶的參加來催化反應。而維生素就是這樣一種能夠當做輔酶來使用，或者說是一種含有輔酶的物質。經過很多生物學家的證明，維生素是維持和調節機體正常代謝的重要物質，而人體組織中存在很多「生物活性物質」形式的維生素。

關於維生素的研究有著十分重要的意義，因為有很多的疾病就是因為缺乏維生素而引起的。例如，我們熟悉的腳氣病是因為缺乏維生素B_1而引起的；壞血病是由於缺乏維生素C而引起的。所以在日常的生活中，我們應該針對自身的特點來攝取富含有各種維生素的食物，進而保持我們的身體健康。

小知識：

克雷格・梅洛（西元1960年～），美國麻塞諸塞州大學醫學院分子醫學教授。2006年因與史丹佛醫學院病理學和遺傳學教授安德魯・法厄發現RNA干擾現象而共同獲得2006年諾貝爾生理學或醫學獎。

黑暗中飛行的蝙蝠
飛出超音波

　　超音學是研究超音的產生、接收和在媒質中的傳播規律，超音的各種效應，以及超音在基礎研究，是和國民經濟各部門的應用等內容的聲學重要分支。

　　義大利科學家斯帕拉捷做了一個實驗，他將蝙蝠的雙眼刺瞎，然後放飛到空中，蝙蝠拍動著帶有薄膜的翅膀自由飛在空中，並發出「吱吱」的叫聲。斯帕拉捷見狀，百思不得其解：「蝙蝠失去了視覺，怎麼還能飛翔的如此敏捷？」

　　斯帕拉捷下決心一定要解開這個謎團，接下來，他將蝙蝠的鼻子堵上後放飛，結果對蝙蝠的飛行完全沒有影響。

　　最後，斯帕拉捷將蝙蝠的耳朵堵上，發現牠在空中東碰西撞，很快就跌

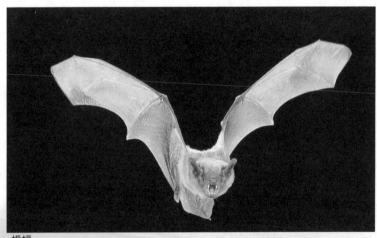

蝙蝠。

落在地。斯帕拉捷這才弄清楚,原來蝙蝠是靠聽覺來分辨方向以及確定目標的。

於是,他將此發現公布於眾,引起了人們極大的興趣。後來,科學家們終於知道了蝙蝠是利用「超音波」來分辨方向和確定獵物位置的。蝙蝠的喉頭能發出一種超越人類聽力極限的高頻聲波,這種聲波沿著直線傳播,碰到物體就會反射到耳朵裡,使牠做出準確的判斷,進而更正飛行方向。

在我們非常熟悉的蝙蝠的啟發下,人類研究出了超音波。

振動頻率大於20KHz以上的,人在自然環境下無法聽到和感受到的聲波就被人們視為是超音波。

超音波在一些媒質上的反射、折射等規律與其他的肉耳可聽到的聲波沒有本質上的不同。唯一的不同就是超音波是一種波長很短的聲波,只有幾公分,甚至千分之幾公釐。超音波在人類的生產和生活中有著廣泛的應用,例如現代醫學上一個新的治療疾病的方法就被命名為超音波治療,這種治療就是利用超音波來治療疾病。同時,超音學還被廣泛地應用到工程學等方面。

對於超音波的研究產生了一門新的學科,叫做超音學,它主要是研究超音波的產生、傳播和接收,以及各種超音效應和應用。當前,超音學仍是一門年輕的學科,其中存在著許多尚待深入研究的問題,對許多超音應用的機理還未徹底瞭解,況且實踐還在不斷地向超音學提出各種新的課題,而這些問題的不斷提出和解決,都已說明了超音學是在不斷向前發展。

小知識:

拉札羅・斯帕拉捷(西元1729年～西元1799年),義大利著名的博物學家、生理學家和實驗生理學家。他在動物血液循環系統、動物消化生理、受精等方面都有深入的研究,他的蝙蝠實驗,為「超音波」的研究提供了理論基礎,此外,他還是火山學的奠定者之一。

談戀愛的魚
無可避免產生性激素

性激素，也可以叫做甾體激素，它主要是由動物體的性腺，以及胎
盤、腎上腺皮質網狀帶等組織組成的，可以促進性器官成熟、副性
徵發育及維持性功能。

大洋深處生活著一種名叫「摻魚」的生物。一直以來人們都認為摻魚只
有雌性，直到科學家發現，每一條雌摻魚身上都附帶著一條非常小的雄摻
魚。經過科學家的研究，原來雄摻魚在孵化的時候，就進行了「擇偶」，找
到了自己雌性夥伴後，將牙齒深深地扎進雌性的體側，靠吸取雌性的體液來
維持自己的生命，成了「好吃懶做」的寄生者。雄摻魚在雌摻魚體表上生
長，許多生活器官逐漸失去了功能，只有生殖器官漸漸成熟。隨著身體的成
長，雄摻魚逐漸「長」入雌魚的體表，與雌魚交配，最終成為雌魚體表一個
不顯眼的小隆點。這種奇異的繁衍後代方式，在生物界中或許絕無僅有。

在歐洲海岸有一種叫沙蛙魚的小型魚類，牠們繁衍方式非常奇特，雄性
沙蛙魚要吸引和討好雌性，必須在淺海處用貝殼在小石塊構築一個安樂窩，
窩內是空的，上面覆蓋著沙子，有著偽裝的作用。牠還有一種非常奇特的手
法——扇魚卵，雄性沙蛙魚會用胸鰭閃動卵子上面的海水，使水流動起來，
產生氧氣，進而使卵子早日成熟。有意思的是，只有雌性沙蛙魚在場的情況
下，雄性沙蛙魚才會賣力築建新窩和精心照料卵子。當雌性沙蛙魚不在場的
時候，雄性沙蛙魚築建小窩的時候會無精打采，丟三落四，甚至不想繼續建
造牠們的小窩。更可怕的是，雄性沙蛙魚飢餓的時候會毫不猶豫地吞吃卵子
來充飢。

　　人在有些時候會產生性激素，這是眾所周知的道理，但是殊不知，談戀愛的魚也會產生性激素。

　　性激素並不是一種單獨工作的物質，在進入了細胞之後，性激素會和受體蛋白形成一種結合，接著就會產生一種激素——受體複合物，進而作用於生物體的染色質，而影響DNA的轉錄活動。在這種影響的基礎上，性激素會繼續影響蛋白質的生物合成，這樣就可以調控細胞的代謝、生長或分化。

　　目前生物學上對性激素的研究也已經十分成熟了，並且有了一系列的研究成果，其中就包括性激素的形成途徑。研究顯示：在膽固醇的基礎上，性激素縮短了側鏈，進而產生了21碳的孕酮或孕烯醇酮，在側鏈被取消之後，孕酮轉變成為19碳的雄激素，接著又生成了18碳的雌激素，而這一路徑適用於所有的性激素的生物合成途徑。

小知識：

　　埃黎耶・埃黎赫・梅契尼可夫（西元1845年～西元1916年），俄國微生物學家與免疫學家，免疫系統研究的先驅者之一，「乳酸菌之父」。1908年，他因為胞噬作用的研究，而獲得諾貝爾生理學或醫學獎。著有《炎症的比較病理學》、《傳染病中的免疫性》、《人的本性》。

第4篇
生物學帶來豐碩的科技成果——生物學應用

恐怖狂牛症
再次提醒人們食品加工與衛生

食品加工說白了就是將原糧或其他原料經過人為的處理過程，形成
一種新形式的可直接食用產品的一種過程。在食品加工中要十分注
意的是公共衛生的問題，也就是食品的安全問題。

牛肉以及牛奶做為人們生活最普通的的食品，早已走上千家萬戶的餐
桌，做為最早的天然飲料，牛奶具有很高的營養價值，在組成人體的二十種
蛋白質的胺基酸裡，有八種是人體自身所不能合成的，但是牛奶可以提供人
體生長發育所需要的全部胺基酸，這就是牛奶所具有的任何飲料都無法比擬
的功效。而牛肉因其脂肪含量低，味道鮮美被稱之為「肉中驕子」而受到全
世界人們的喜愛。

可是在2003年12月的美國，人們對牛奶和牛肉卻突然變得恐懼起來，並
拒絕將它放上餐桌，這是怎麼回事呢？原來，在美國華盛頓有一個以乳製品
聞名的小鎮叫做馬布頓，這裡有一頭四歲荷蘭乳牛突然發生神經錯亂，繼而
焦躁不安，呼吸逐漸衰竭，最後身體急速消瘦而被宰殺。經專家驗證，這頭
乳牛得了最令人不寒而慄的狂牛症。

這則消息像長了翅膀一樣迅速傳遍小鎮的各個角落，可是為什麼會出現
狂牛症呢？美國農業部開始對這事件進行深入調查，首先他們從那頭得了狂
牛症的乳牛入手，這頭牛起初沒什麼明顯症狀，只是在產後出現了麻痺，被
確診為狂牛症以後，很快就被宰殺了。

檢驗官員蒐集了這頭乳牛兩年之內所有待過的地方，以及是否被餵過違
禁的飼料。狂牛症的傳播途徑基本上有三個，一個是食糞蟲透過病牛的排泄

物向健康乳牛傳播，一個是母子傳播，第三個也是最直接的一個是透過飼料傳播，有關部門規定嚴禁給乳牛餵食摻雜骨粉的飼料，因為有的骨粉就是來自病牛的身體。透過縝密的調查，發現這頭乳牛就是因為食用了含有違禁骨粉的飼料，而引發狂牛症的。

接著，人們便採取了相對的措施，4000頭乳牛被隔離觀察。

由於小鎮上出現了狂牛症，有關牛奶以及牛肉的所有再加工食品全部滯銷，小鎮的經濟蒙受了前所未有的損失。

在遭受重創之後，美國的乳牛業更加重視乳牛的養殖環境，從乳牛的引進到繁殖以及餵養等各個環節嚴格保證乳牛的衛生安全。

對於狂牛症，大家都十分瞭解，俗話説「病從口入」，這種嚴重的疾病就是起源於食物，這也提醒了我們要經常注意食品加工與衛生。

食品對人類來説可以説是每天的必需品，它對於人體的身體健康和正常的生產、生活有著重要的意義，因此我們應該十分重視食品的加工和食品的衛生問題。

　　食品加工就是將原糧或其他原料經過人為的處理過程，形成一種新形式的可直接食用產品的一種過程。例如，把小麥經過碾磨、篩選、加料攪拌，做成麵包，這個過程就屬於食品加工的過程。在食品加工中要十分注意的就是公共衛生的問題，也就是食品的安全問題。

　　食品安全要求生產食品的廠商要生產無毒、無害的食品，在生產過程中要注意不要產生對人體健康有危害的物質。食品安全問題不光是對生產食品的廠商提出的要求，同時還是對儲存以及銷售食品的商家提出的要求。

　　對食品加工與衛生的研究有著重要的現實意義，因為我們每天都要吃各式各樣的食品，相對的，食品安全就是一個必須要考慮的問題。因此這就要求有關部門建立完善的食品安全維護體制、提高食品企業的品質控制意識、初步建立食品安全宣傳教育體系，對消費者進行食品科普教育。只有在大家的共同努力下才能夠實現食品安全，才能保持人類的健康。

小知識：

奧斯勒（西元1849年～西元1919年），加拿大著名醫學家。1873年證實血小板與血栓形成有關；1895年描述紅斑狼瘡的全身表現；最主要的成就則在於改革了臨床醫學教育，促進醫學教育和醫院正規化的發展，著有《臨床內科原理》。

喜歡解難題的孩子
解不開色盲之謎

有些人天生就是色覺障礙，他們無法正確辨認一些光，這類的疾病就叫做色盲。色盲的類型很多，包括全色盲和個別色盲。全色盲就是對正常人能夠辨認的三原色都無法辨認的色盲，而個別色盲是指僅僅對一種或者幾種光辨認有困難的色盲。

「媽媽，妳為什麼給我買了一雙灰色的襪子呢？讓我怎麼穿出去啊！同學們會笑話的。」這是在一個平安夜，貧困的媽媽給約翰‧道爾頓買了一雙襪子做為聖誕禮物，可是他卻對襪子的顏色很失望。

「怎麼會呢？我明明挑一雙淺紅色的襪子啊！」媽媽隨即拿過襪子一看，原本就是紅色的，可是兒子怎麼說是灰色的呢？她以為兒子在開玩笑，所以就沒再理他，可是約翰‧道爾頓心裡還是很納悶：「明明是灰色的，媽媽為什麼不肯說實話呢？」於是，他拿著襪子跑出去，向弟弟和其他的鄰居詢問，鄰居們都說襪子是紅色的，只有弟弟說襪子是灰色的。

僅僅是一雙襪子，為什麼別人都說是紅色的呢？難道是自己和弟弟的眼睛有問題嗎？他又準備了幾樣東西，讓大家來分辨顏色，結果這些東西或紅或藍，只有自己和弟弟看到的是黑、白兩色。這時候，約翰‧道爾頓才發現，他與弟弟的眼睛缺乏分辨顏色的能力。

為什麼會出現這樣的事情呢？約翰‧道爾頓很想解開這個謎底。於是他投入對顏色的分析和研究中，最後他發現，人對顏色的感覺分為兩種，一種是正常色覺，一種是障礙色覺。可見光內所有的顏色都是由紅、綠、藍三色組成的，從醫學的角度來說，如果能夠分辨這三種顏色的話，就是正常色

覺,反之就是色覺障礙,也就是色盲。

在色盲的人群裡,還有二色視之說,就是分辨不出紅色和綠色,如果三種顏色都分辨不出的話,那就是全色盲。而可憐的約翰‧道爾頓和他的弟弟患的就是二色視。

從一雙襪子開始,約翰‧道爾頓解開了顏色之謎,進而成為世界上第一個發現色盲的人。透過對色盲的研究,他還寫出了《色盲論》,把色盲這個問題向全世界提了出來。

色盲之謎是一個困惑了生物學家們幾十年的謎團,因為色盲是一個牽涉很多生理方面的疾病。

隨著科技的進步,生物學家已經給出了一個合理的解釋:人能夠辨別顏色要得益於眼視網膜上的三種感光細胞,而這三種感光細胞對紅光、綠光和藍光這些波長比較長的光尤其敏感。而一旦視網膜上的三種感光細胞中的某一種或者是全部出了問題之後,人就不能正確地辨別顏色了。例如,全色盲就無法對任何一種顏色的光進行正確的辨認,這是因為病人的三種感光細胞都出現了問題。有些遺傳物質會造成人的色盲,但是人體視神經和腦的病變有時候也會引起色盲的發生。

現在,紅、綠色盲的治療已取得可喜進展,這一成果給廣大患者帶來了福音,讓他們看到了治癒的希望。

小知識:

奧爾良‧蓋爾斯特朗德(西元1862年~西元1930年)瑞典生理學家,因在眼科屈光學方面的傑出成就而獲得諾貝爾生理學或醫學獎。

在掛著最新鮮肉的地方修建醫院是為了適應環境保護

環境保護是指人類為解決現實的或潛在的環境問題，協調人類與環境的關係，保障經濟社會的持續發展而採取的各種行動的總稱。

阿拉伯醫學家拉齊斯是許多「世界第一」的紀錄保持者：第一個發明串線法，用動物腸子製線用於縫合傷口，然後可以被身體組織融化吸收；第一個明確區別了麻疹和天花的症狀；第一個發現經緯度不同的地理位置，同一種藥物的療效也不同；第一個提出主張，在給病人服用新藥以前，要先在動物身上進行試驗；第一個注意到某些疾病是遺傳的；第一個指出所謂的花粉熱是源於花的芳香；第一個使用汞製劑。因此，他被稱為「穆斯林醫學之父」。

拉齊斯在醫學上的第一難以計數，同時他又是偉大的化學家、哲學家。

中間站立者為拉齊斯，他是阿拉伯帝國時期一位傑出的臨床醫生。

他在四十歲時還用哲學來研究琵氈，而後才進入醫學領域。他遊歷的足跡從耶路撒冷延伸到哥多華，一邊執醫，一邊從「女人與藥商」那裡蒐集資料。他對待病人的態度一向謹慎而負責，正如他教導學生的那樣——治療總是痛苦的，這個世界上沒有病人希望的那種舒適的治療，因此一個好的醫生絕對不能屈服於病人的要求而放棄自己的判斷。

同時，拉齊斯又是一個很有趣的人。當他應邀為巴格達一所醫院選址的時候，所用的點子妙趣橫生。他命人在城中各處掛了很多新鮮

的肉,數天之後,選擇腐敗程度最輕的那塊肉的所在地,做為醫院的興建地址。他採用的這種選址方式,充分考慮了醫院良好衛生環境的需要,選擇良好通風地點將有效減少細菌繁衍的基本條件。

拉齊斯的一生著述頗豐,他花了十五年時間完成了一部百科全書式的巨著——《醫學集成》。書中廣泛吸收了希臘、印度、波斯,甚至中國的醫學成果,講述了多種疾病以及疾病的進展和治療情況,涉及到外科、兒科、傳染病和多種疑難雜症的治療經驗和理論知識。這本書流傳到歐洲,立刻取代了蓋倫的醫書,成為最流行的醫學教材和資料,並多次翻印。除此之外,他還寫了《醫學入門》、《藥物學》、《蓋倫醫學書的疑點和矛盾》等書。正如拉齊斯自己所說,他的科學成就遠遠超越了他卓越的思想。

在掛著最新鮮肉的地方修建醫院聽起來是一件很奇怪的事情,但是這種做法卻是為了適應環境保護而實行的。

對環境保護的研究是一個涉及面非常廣泛的綜合性學科,它涉及自然科學和社會科學的許多領域,還有其獨特的研究對象。

環境保護主要分為:保護自然環境;保護人類居住、生活環境;保護地球生物。對於環境保護的研究在現實生活中已經得到廣泛的應用,例如,對廢水及廢氣的限制性排放、對水資源的治理、對野生動物的保護等等都是環境保護的具體實踐。

小知識:

弗洛倫斯·南丁格爾(西元1820年～西元1910年),近代護理專業的鼻祖。她撰寫的《醫院筆記》、《護理筆記》等主要著作成為醫院管理、護士教育的基礎教材。由於她的努力,護理學成為一門科學。

漢武帝西征
遭遇歷史上最早細菌戰

細菌戰也被稱為「生物戰」，顧名思義，就是將細菌或者是病毒當做武器，進而傷害人類和牲畜，造成人工瘟疫的行為。

西元前90年，漢武帝將攻擊匈奴的大軍分成三路，主攻任務由李廣利將軍率領的部隊擔任。

在前進的路上，西路漢軍抓獲了匈奴的一些偵查人員，根據他們說，匈奴王將下有咒語的牛羊掩埋在漢軍經過、駐紮的道路、河流等地方。這些死去的牛羊掩埋一段時間後，其體內會孳生出大量的細菌，當細菌孳生到一定的程度，便會擴散到附近的土壤與水流之中。對長途跋涉而來的漢軍來說，水源是不可缺少的必需品，可是當他們一旦飲用被細菌感染的水源後，就會染上霍亂等傳染病，造成軍隊戰力下降。同時，這種行為還帶有強烈的精神打擊。

李廣利將軍率領的中路軍取得數次勝利，很快便進入到匈奴的腹地。此時，長安傳來不好的消息，李廣利的家人因牽涉到「巫蠱之禍」，被漢武帝關押進大牢之中。主帥李廣利聽後心急如焚，為了表明自己的立場和挽救家人，他不顧兵家大忌，孤軍冒進，打算一舉搗毀匈奴的統治中心。本來漢軍的原計畫是在邊境線附近與匈奴作戰，現在李廣利將軍將原計畫徹底打亂，給其他部隊帶來巨大的困難，補給不足最為突出。

為了補充補給，漢軍只得就地尋找水源和食物，在這些情況下，匈奴巫師所掩埋的那些帶有病菌的牛羊屍體發揮了作用，使漢軍部隊發生了瘟疫，大量的士兵感染霍亂等病，不少士兵因此死亡。

　　結果，人數超過七萬的漢軍被五萬的匈奴部隊擊敗，李廣利將軍只好率領殘部投降匈奴。

　　細菌戰也被稱為「生物戰」，顧名思義，細菌戰就是利用細菌進行戰爭的一種行為。人類第一次接觸細菌武器是在第一次世界大戰中，德國首次使用的生化武器。在第二次世界大戰期間，日本曾先後在中國東北、廣州及南京等地建立製造細菌武器的專門機構，並於1940年至1942在中國浙江、湖南及江西等地散布過鼠疫和霍亂等病菌，以致造成這些疾病的發生和流行。這些都是細菌戰的典型代表。

　　細菌戰主要有鼠疫、霍亂、傷寒、炭疽等幾種類型，而且這些都屬於烈性傳染病。鼠疫的傳播媒介是老鼠和跳蚤，這種傳染病經過家人和鄰居之間的互相傳播而盛行。霍亂弧菌在人體中存在會引起霍亂，傷寒桿菌引起的經消化道傳播的急性傳染病叫做傷寒。這些傳染病不管是哪一種都是十分嚴重的，有的甚至可以造成某一地區人口滅絕的危險。因此，國際社會極力呼籲各國捨棄細菌戰這一野蠻的戰爭方式，相信在全世界人民的努力下，細菌戰不會再次登上歷史的舞臺了。

小知識：

埃米爾·杜布瓦—雷蒙（西元1818年～西元1896年），德國生理學家，現代電生理學的奠定人。

國家圖書館出版品預行編目資料

關於生物學的100個故事 / 王浩著.
－－第一版－－臺北市：宇河文化出版；
紅螞蟻圖書發行，2010.11
面 ； 公分－－（ELITE；25）
ISBN 978-957-659-813-5（平裝）

1.生命科學 2.通俗作品

360 99020926

ELITE 25

關於生物學的100個故事

作　　者／王浩
發 行 人／賴秀珍
總 編 輯／何南輝
美術構成／韓顯赫
校　　對／楊安妮、周英嬌、賴依蓮
美術構成／Chris' office
出　　版／宇河文化出版有限公司
發　　行／紅螞蟻圖書有限公司
地　　址／台北市內湖區舊宗路二段121巷19號（紅螞蟻資訊大樓）
網　　站／www.e-redant.com
郵撥帳號／1604621-1　紅螞蟻圖書有限公司
電　　話／(02)2795-3656（代表號）
傳　　真／(02)2795-4100
登 記 證／局版北市業字第1446號
法律顧問／許晏賓律師
印 刷 廠／卡樂彩色製版印刷有限公司
出版日期／2011年 11 月　第一版第一刷
　　　　　2016年 9 月　　　　第三刷

定價 300 元　　港幣 100 元

ISBN　978-957-659-813-5　　　　　　Printed in Taiwan